廚房規劃與管理

The Kitchen Planning and Management

蔡毓峯、蕭漢良／著

蔡 序

時序回到2019年，隨著台北市信義區購物商圈微風南山購物中心的開幕，包含《商業週刊》、《今周刊》、《天下雜誌雙周刊》等都以封面故事大幅報導了信義商圈的種種驚人實力和現況。在這面積不到0.5平方公里的購物商圈中卻締造了每年800億商機的潛力，而且後頭還有A13遠百信義店正在做最後的趕工準備在耶誕節開幕，讓這塊全世界百貨商場密度最高的信義商圈更增添了所有同業及消費者的關注。而這當中，在同業界最具話題性的莫過於是微風南山購物中心內餐飲櫃位占近50%這件事情。雖說這些年隨著電子商務的發達，百貨公司內的餐飲櫃位早已經從早年的附加服務給消費者購物之餘有個用餐歇腳的地方，轉變成帶進人流百貨公司的最大吸引力。但是接近一半的櫃位為餐飲業真的能發揮它所被期待的綜效，為奄奄一息的百貨櫃位帶進人潮和生機嗎？

在寸土寸金的台北市信義計畫區，房租貴得讓業主哀鴻遍野，在有限的承租空間裡自然是錙銖必較，盡可能將桌椅數量極大化，犧牲的當然就是生產重地廚房的空間了。如何能在兼顧環保、安全、消防、出餐空間的種種條件下，發揮最大的產能，除了先進的設備能更有效率、更多重功能的烹煮食材之外，縝密的動線規劃以及空間配置也是一大學問。撰寫本書的目的就在希望藉由個人粗淺所學和實務經驗，用比較淺顯易懂的方式和餐飲科班學生或初入餐飲行業的年輕人，或有意投資開店的創業者分享。本書分為十章，分別就不同的主題循序漸進的說明，希望能藉由比較有系統的歸類整理方便讀者閱讀。也特別感謝本書共同作者，現任宏國德霖科技大學餐飲廚藝系助理教授蕭漢良老師，在筆者忙於餐飲本職之際協助執筆撰寫第八、九章，為本書更增添可讀性與實質專業知識內容，謹此特別表示感謝。

最後要特別感謝廚房專業規劃廠商「詮揚股份有限公司」虢正游協理的多方指導與素材，好友張若涵協助購得中國大連理工大學所出版的《現代餐飲業廚房規劃設計》一書，以提供更多專業資料作為參考，讓本書順利完稿。並感謝編輯團隊，讓本書得以如期編輯排版並順利成冊發行。筆者才疏學淺疏漏錯誤在所難免，尚祈各方前輩先進不吝指教，為盼！

蔡毓峯 謹識

2020年4月7日

目 錄

蔡 序 i

Chapter 1 導 論 1

第一節 前言 2
第二節 餐飲設計、裝潢、規劃、設備、建構的商機無限 2
第三節 模組廚房概念的建立 5
第四節 廚房設計規劃程序 5
第五節 廚房水電空調規劃作業 14

Chapter 2 廚房空間配置 15

第一節 設計要素與基本需求 16
第二節 廚房空間、形式、動線的規劃要素 18
第三節 廚房設計流程與工作流程 24
第四節 區域說明及工作空間考量 28
第五節 業態對廚房的差異性 38

Chapter 3 廚房施工規劃 43

第一節 空調與氣壓 44
第二節 水電瓦斯規劃 49

第三節　排水　60
第四節　採光照明　62
第五節　蟲鼠防治　64

Chapter 4 廚房設備　65

第一節　廚房設備挑選的因素　66
第二節　設備說明　70

Chapter 5 環保與消防設施　99

第一節　法令與社會期待　100
第二節　環保汙水及油汙收集　101
第三節　空汙防制設備　109
第四節　廚餘環保再生利用　117
第五節　消防規劃與設備　121

Chapter 6 洗滌設備　135

第一節　概述　136
第二節　洗滌機型式　136
第三節　洗滌設備周邊設備　141
第四節　洗滌原理　145
第五節　汙物及清潔劑種類　152
第六節　洗滌機的機種選擇　156
第七節　新科技介紹　158

Chapter 7　廚房日常營運管理　161

第一節　前言　162
第二節　日常營運管理　162

Chapter 8　廚房人力資源管理　185

第一節　人力資源規劃與工作設計分析　186
第二節　廚房人員的配置與組成　189
第三節　廚房的人力資源管理（選、訓、用、留）　197
第四節　其他（影響廚房人力資源管理的因素）　206

Chapter 9　廚房安全衛生管理　215

第一節　食品安全與衛生　216
第二節　從業人員——廚師應注意的安全與衛生　222
第三節　廚房食品衛生與工作安全規則　225

Chapter 10　廚房設計與管理的未來　241

第一節　前言　242
第二節　淺談廚房設計與管理的未來趨勢　243
第三節　廚房管理的未來　248

Chapter 1

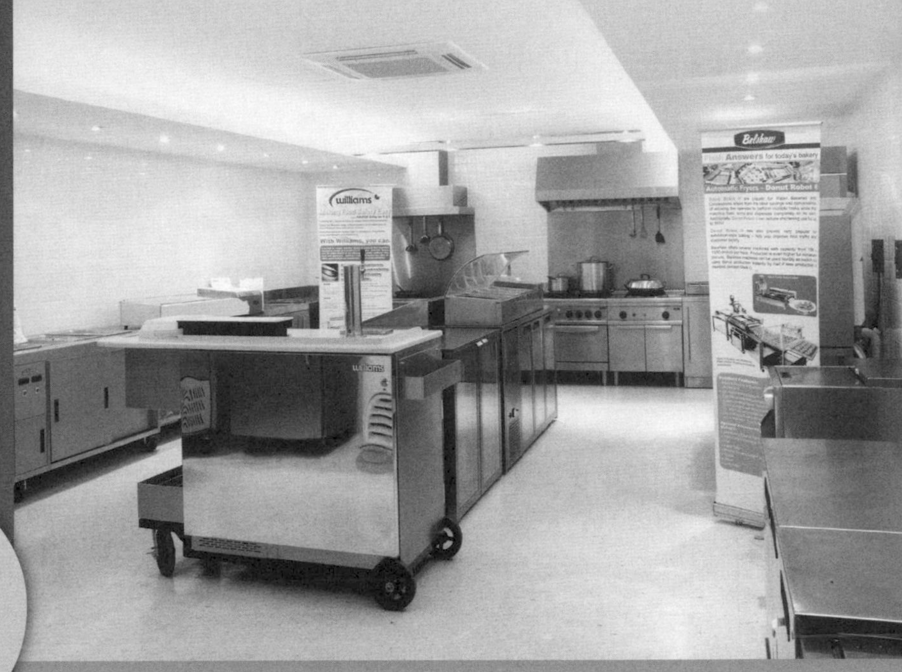

導 論

- 第一節　前言
- 第二節　餐飲設計、裝潢、規劃、設備、建構的商機無限
- 第三節　模組廚房概念的建立
- 第四節　廚房設計規劃程序
- 第五節　廚房水電空調規劃作業

第一節　前言

在台灣，不知聽了社會輿論、報章媒體、甚至你我身邊親朋好友們說了多少次，關於經濟不景氣、消費力不再、股市動能量能不足、房價崩盤這類關於民生景氣的負面說法。是的，景氣和經濟成長停滯不前不光光只發生在台灣，而是全球性普遍存在的問題，這早已不是新聞了。但是換了一個場景，每到週末假日你會看到台北市信義計畫區的百貨公司絡繹不絕的人潮，在這裡由忠孝東路、松仁路、市府路和信義路所建構起來，不過約700公尺正方的商圈裡，卻擁有著全台灣最高密度的百貨商場，BELLAVITA、新光三越A4、A8、A9、A11、微風松高、微風信義、誠品信義、統一時代、Neo19、ATT 4 FUN、威秀商圈、微風南山及遠百信義A13進駐。試想，這些百貨商場哪個沒有餐飲業進駐，甚至隨著百貨公司對人潮的需求，近年來也不斷提高餐飲面積在百貨公司的比重。換句話說，縱然不景氣，餐飲業依舊是時下非常熱門、非常能夠在消費新聞裡占有話題和版面的行業。根據經濟部統計處的資料（**圖1-1**），相較於近一年來實體零售業因為受到網路購物的影響而持續下滑，餐飲業就顯得蓬勃許多。這情況當然也帶來了更多的餐飲業就業人口、餐廳裝潢設計業的接案成長、餐飲設備的需求提高，整體帶動了餐飲業上游的商機。

第二節　餐飲設計、裝潢、規劃、設備、建構的商機無限

呈上節所述，因為百貨零售業不振，主管們自然需要動更多腦筋來幫各專櫃找來更多的人潮，並想辦法提高逛街人潮的提袋率，於是就把腦筋動到餐飲業來了。畢竟，現代人買房不易、薪資水準又動輒倒退十年十五年的，在購物治裝的預算上確實不高，又遇到網路購物蓬勃發展，論

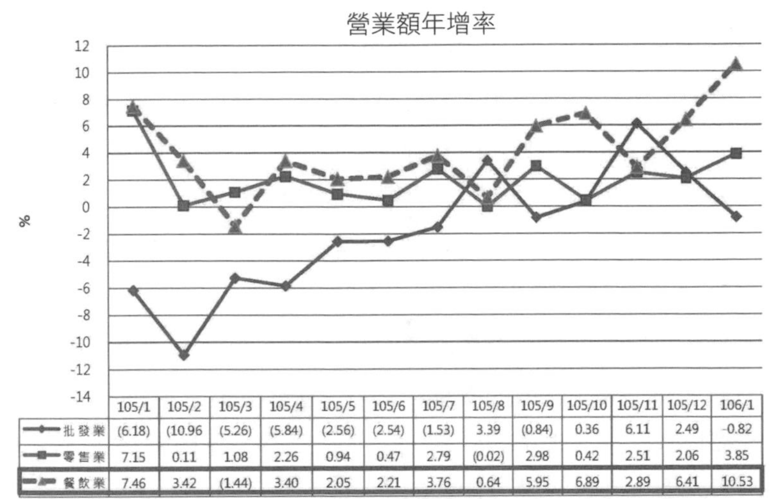

	105/1	105/2	105/3	105/4	105/5	105/6	105/7	105/8	105/9	105/10	105/11	105/12	106/1
批發業	(6.18)	(10.96	(5.26)	(5.84)	(2.56)	(2.54)	(1.53)	3.39	(0.84)	0.36	6.11	2.49	-0.82
零售業	7.15	0.11	1.08	2.26	0.94	0.47	2.79	(0.02)	2.98	0.42	2.51	2.06	3.85
餐飲業	7.46	3.42	(1.44)	3.40	2.05	2.21	3.76	0.64	5.95	6.89	2.89	6.41	10.53

圖1-1　餐飲業與批發零售業比較頁面

資料來源：經濟部統計處

方便性、可退貨性、隱私性、甚至價格優勢，都比傳統零售櫃位來得更有吸引力。東西可以少買甚至不買，三餐卻不能不吃！人們還是喜歡利用週末假日到百貨商圈走走逛逛、看看街頭藝人表演、看看院線電影，中間少不了吃頓飯喝個下午茶。這正是百貨業垂涎欲滴的商機和人潮，當然也帶動了餐飲業的蓬勃。

於是，相關於餐廳業的各種上游廠商無不受惠，餐廳開了又關，也關了又開，餐廳業主恐怕賠錢收場，但是裝潢設計、設備等周邊廠商可就真的是一場接一場有著接不完的案子了！再者，以前百貨公司對於餐廳講求的是坪效，相同面積的餐廳，業績貢獻度差，或說是付租的貢獻能力差的餐廳就很難持續留在百貨商場內，畢竟百貨公司要的就是收租。然而這幾年情況改變了，百貨商場對於餐廳的存留不再只以付租能力為考量，而是以能帶進人潮多寡為考量。所以相同營業額相同租金抽成的兩家餐廳，很可能高價但人流少的餐廳會被請走，留下來的是客單價低，但是卻透過不斷地翻轉人潮而創造出相同業績的餐廳。因為這對百貨商場帶來的人潮更具貢獻度。

目前業界甚至有種說法，百貨商場要的餐廳就是要有話題、有品牌力、有故事力、最好有名人加持或是來自海外的名店，我們對這類的餐廳暱稱「新、小、奇」。傑米・奧立佛、金子半之助、添好運、檀島咖啡餅店、福里安花神咖啡都是典型的案例。不需要業主或百貨商場的大力宣傳，因為年輕人自助旅行到國外就知道要去朝聖的這些名店，現在這些名店來到台灣，只要簡單的網路做些宣傳和散播，再加上媒體適時的報導，累積的品牌知名度和能量真的讓消費者趨之若鶩，排隊三個小時的案例屢見不鮮。每一個知名的、國際連鎖、國內連鎖、自創品牌的餐飲業者，背後都是數以百萬千萬的投資，在裝潢氛圍、器皿餐具，比花俏、比創意，廚房設備也在比先進、比效能。

然而餐飲業成功在市場生存的機率高嗎？根據非正式的統計，在台灣尤其在台北能夠存活三年的餐飲業可能不到30%，五年以上可能連20%都不到，業主雖不致血本無歸但想要獲利並且永續經營的機率確實不高，但可以確定的是，這些裝潢、餐具設備廠商已經先賺到了！

咖啡廳講求漂亮精緻的拉把式咖啡機讓消費者一進門就深深地被藝術品般的咖啡機所吸引；開放廚房除了滿足生產需求，設計裝潢上也愈來愈個性化，愈來愈漂亮；價值百萬的烤箱設備能擺得多顯眼就多顯眼；具有觸控螢幕的先進烤箱取代了傳統旋鈕的烤箱，也透過開放廚房吸引了消費者的目光；電腦控溫窯烤披薩更是不在話下。此外，牆壁不再是潔白一陳不變，取而代之的是更有個性風格的牆面，廚師的廚衣也不再是刻板的白衣雙排黑扣，改成了黑色或其他個性顏色，整體的版型也更帥氣卻不失專業感。

另外，在法令的推波助瀾之下，業者沒得選擇的只好投資更多的資金在客人看不到的設備裡，除了傳統的水洗煙罩過濾油煙之外，還逐漸導入了靜電機、活性碳設備，以強化除油煙除味道的能力。洗滌設備也逐年更新設計並且登記專利，無不是為了提高設備效能並降低人工操作的比重。

第三節　模組廚房概念的建立

過去的思維裡，業主、甚至設計師常有一種錯誤的觀念，就是讓外場先圍地，框出需要的坪數並且規劃出需要的桌席數、走道空間、吧檯、結帳櫃檯……，最後才將剩餘的空間而且還可能是畸零空間留給廚房做剩餘的規劃。這往往會影響廚房在空間規劃上的效率、讓坪效變低、設備擺設不易安排、人員工作效率降低，甚至彼此頻繁互跨動線造成工作上的危險。

現今廚房設計的概念則是應該模組化。所謂模組化就是把廚房當成一整個不能拆的元件，到了任何一個店裡都是找出最合適的廚房位置，把這個模組廚房100%的複製進來，連坪數大小都相同。如果是連鎖店體系這將會發生很大的效益，例如人員的臨時調店支援，都能因為設備位置、動線、甚至連廚房大小都相同，而讓前來支援的廚師能夠立即進入工作狀態。再者，如果再搭配完善的物品食材定位擺放，更能讓前來支援的廚師發揮最大的工作效益。當然，不只模組廚房，現在連模組化設計的廚房設備也不斷被開發設計出來。廠商透過長期以來廚房的使用行為和設備需求，把需要的設備和其周邊的設備或層架或水槽都以模組的方式組合在一起，最後再套上一體式的邊框，讓整體設備不但更有一致性和設計感，對空間的利用和清潔的方便性也大大的提高了不少（**圖1-2**、**圖1-3**、**圖1-4**）。

第四節　廚房設計規劃程序

在餐廳籌備之初，先前的設計作業就顯得非常重要。通常業主必須同時面對兩個主要的設計廠商，一是負責外場整體風格設計的設計師，其所涵蓋的包含餐廳外觀、招牌、餐廳裝潢、家具，乃至燈光、空調、機

圖1-2　模組廚房概念示意圖(一)

圖1-3　模組廚房概念示意圖(二)

電、水電以及消防工程設計施工。而廚房則必須另外尋找專業的廚房設計施工廠商，其服務的內容包含廚房的整體機電、水電瓦斯能源配置、廚房的空間規劃設計、天地壁面，乃至排水溝、截油槽、排煙、空調、消防的設計施工和廚具的規劃安裝。廚房整體軟硬體規劃是個非常專業的領

圖1-4　模組廚房設備示意圖

域，建議業主尋找專業有信賴感有口碑的廠商，並且觀察其過去施作的餐廳案例，瞭解其口碑和經驗值。

一、平面位置及設備配置確認

在確認餐廳經營風格之後，可以同時和設計師以及廚房規劃廠商共同討論空間的配置，確認廚房坐落的位置和空間之後，就可以各自就所負責的空間領域進行規劃設計。在確認廚房設計圖之後，緊接著就可以討論廚房的設備選擇，針對所需的設備選擇品牌、功率、價格、尺寸等細節作討論，並同步依照所選擇的廚具在廚房設計圖上做些微調整，最後在報價確認後，正式進行簽約執行。

(一)西式廚房平面設計規劃

廚房設計圖是一項非常有趣但也複雜的專業圖面，設計師依照比例繪出空間規劃並且置入所需的廚房設備（**圖1-5**）。從圖中可以簡單看出這是一個較小規模的長方形廚房。

圖面的36-41為開放式廚房的冷廚區兼出餐區。33-35為中島區，可兼任39冷廚的工作檯面和23瓦斯爐台料理完轉身做裝盤盤飾的工作檯面，以及食材的冷藏空間，這區主要是以兩台工作冰箱、兩個工作檯面再搭配一個水槽所組成。而15-26以及32這兩條工作線則為熱廚區域，圖面上的9、10、12、13一帶則為準備區。

至於圖面上43-49則為ㄇ型設計洗滌區。先是由簡單可以濾渣的水槽和廚餘桶(49)負責未喝完飲料的倒棄和廚餘的蒐集、長長的工作檯(48)可以做餐具的分門別類和堆疊以節省空間，接著進入預洗水槽(47)進行水槍的沖洗，然後進入位在轉角處的上掀式洗碗機(46)進行洗滌作業，完成後利用洗滌後工作檯(43)做餐具的堆疊，將洗淨的餐具放在層架(45)上備用。而此區也同時配置了排煙罩(44)作為洗碗機打開後大量蒸氣冒出時的排吸任務，避免造成廚房濕熱！

在經過業主、主廚以及廚房設計廠商的討論琢磨後，廚房有了新的風貌（**圖1-6**）。

在**圖1-6**中可以首先發現幾個大致不同的地方，首先廚房的開口由原先**圖1-5**右側中段的位置改為**圖1-6**右上角廚房後方的位置。多出的牆面作為洗滌區一字形的安排，如此可以讓整個廚房更簡單俐落，動線也顯得單純。並且在新的設計圖裡也標示出了排水溝(12)的路線和截油槽(1)的位置。

(二)中式廚房平面設計規劃

另一個案例則是一家中型中式餐廳的廚房設計（**圖1-7**），這個廚房因為料理業態的不同，在廚房設備的選擇上和前一個案例當然有明顯的不同。取而代之的是六口煲仔爐、雙口台式爐（瓦斯加壓快速爐火）、蒸櫃、平頭湯爐、煮飯鍋等中式傳統廚具。而且有趣的是這家餐廳還在靠近外場的區域設置了一間展示廚房，利用透明玻璃讓客人能夠看到廚師的料

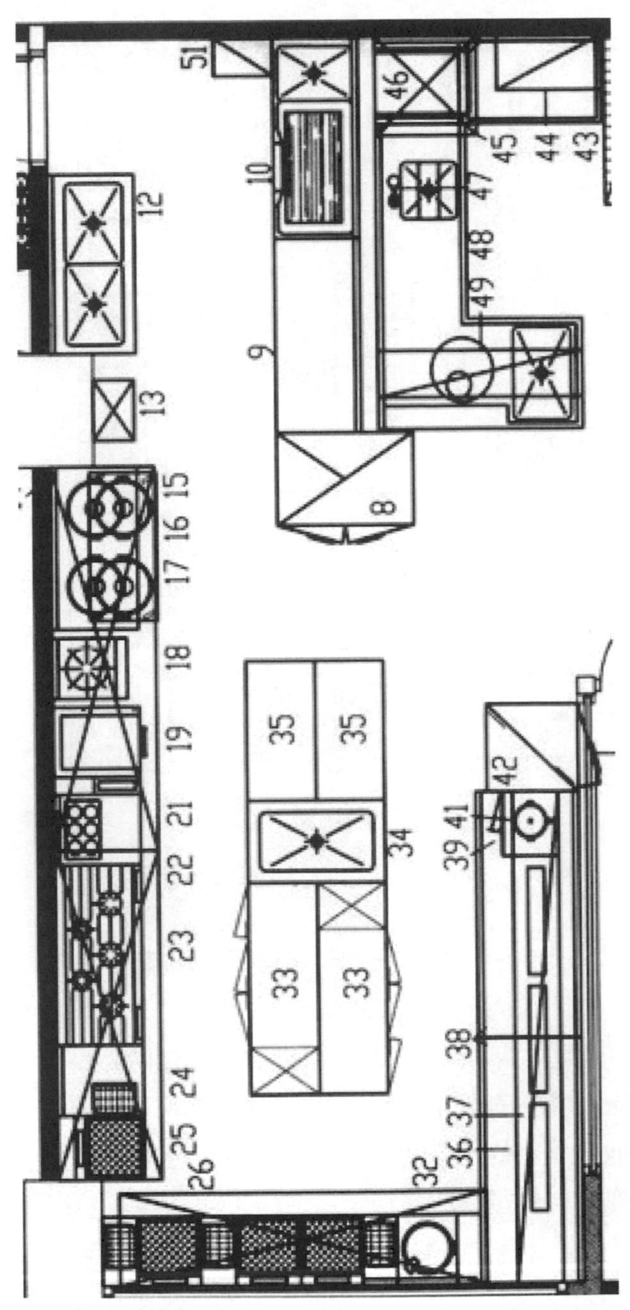
51
10
12
9
13
8
46
45
44
43
47
48
49
15
16
17
18
19
21
22
23
24
25
26
35
35
34
33
33
42
41
39
38
37
36
32

圖1-5　廚房設計圖初稿

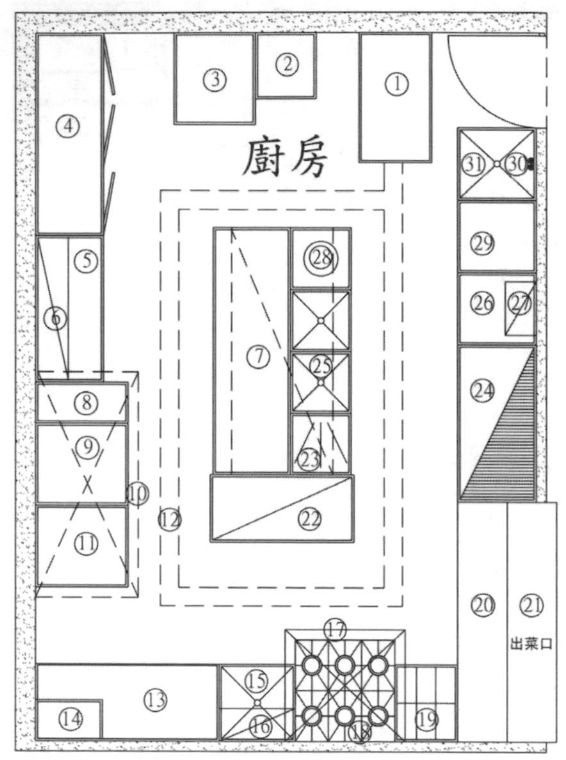

圖1-6　廚房設計圖完稿

理秀。

這個案例另外一個比較有趣的規劃是動線的安排。外場工作人員利用圖面上右側的員工通道／回收通道作為主要的工作動線，並且在中段區域的廚房入口門進入廚房，隨即可以左轉到洗滌區將外場回收回來的餐具做廚餘回收及分類，好讓洗滌人員可以快速作業。而右轉則進到廚房的中島區，也是他們規劃的出餐區域。廚師在最左邊一整排廚房設備的烹調區域置備料理，完成後隨即轉身中島區的工作檯面上進行裝盤和裝飾作業，隨即可以交給外場人員端出。因此廚師們的工作區域都會在中島區的左側，而中島區的右側走道在用餐期間則視為外場工作人員端菜離開廚房的動線。對外場人員來說是個非常清楚的U形路線單行道，可以避免人員

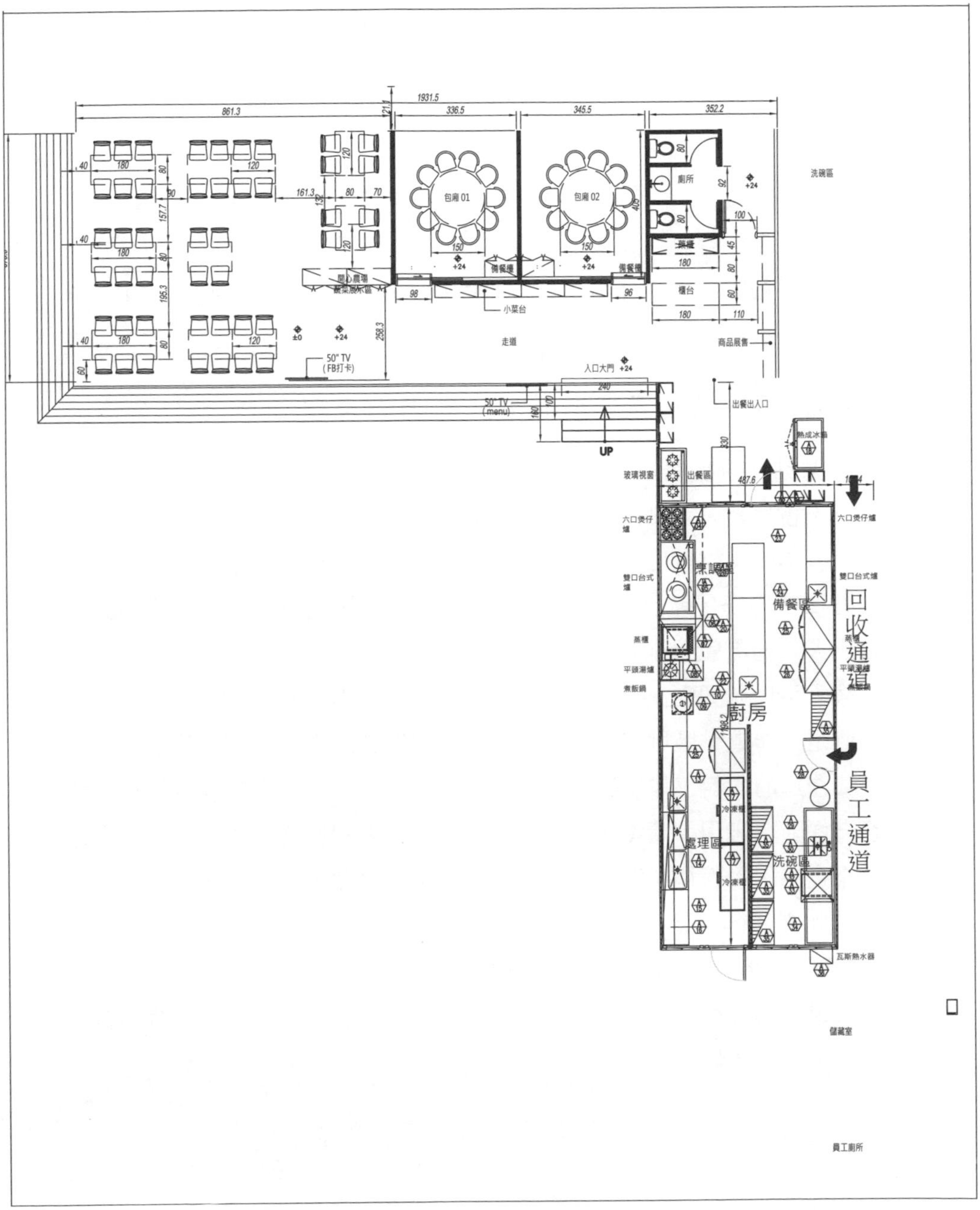
包廂 01
包廂 02
廁所
洗碗區
備餐櫃
小菜台
櫃台
走道
商品展售
入口大門
50" TV
(FB打卡)
50" TV
(menu)
UP
出餐出入口
熟成冰箱
玻璃視窗
出餐區
六口煲仔爐
雙口台式爐
蒸櫃
平頭湯爐
煮飯鍋
烹調區
備餐區
回收通道
廚房
員工通道
處理區
冷凍櫃
瓦斯熱水器
儲藏室
員工廁所

圖1-7　中式廚房設計圖

在繁忙中錯身而過產生的意外碰撞。而到了非用餐的尖峰時間，外場同仁進入廚房的機會自然不再，這時這條出餐通道就成了廚房作業人員的工作通道，畢竟廚房右側仍擺放著工作檯、工作檯冰箱、水槽等設備作為備餐區域。

至於廚房圖面左下方的處理區，緊鄰後門是兼具著進貨和驗收功能的區域，在做完驗收和簡單分類後，隨即可以轉入冷凍冷藏櫃。這區也可以進行蔬果截切、肉品分切修清、魚類去鱗去骨作業，備有足夠的工作檯面空間和所需的水槽。

(三)Pizza簡餐櫃檯點餐取餐形式的平面規劃

櫃檯點餐結帳並取餐的餐飲經營模式多數為速食店或簡餐店，規模上通常不會太大，餐點內容也不會過於複雜，多半是以相同的製作烹調手法搭配多重的食材做出一整系列的餐點，例如麥當勞利用煎、炸就可以完成多種口味的漢堡產品、Subway利用蒸烤箱加熱麵包，夾上不同的餡料創造出多種的潛艇堡都是相同的道理。而**圖1-8**的案例則是一家Pizza快餐店，客人可以在圖面左方櫃檯點餐、結帳，並且自取托盤取走食物。圖面的上側是工作重點區域，並且搭配整面的玻璃讓廚房的作業過程清楚看得見。最左邊的取料工作區採用工作檯冰箱搭配挖洞放置食物盆以保持冷藏並且方便隨時取用，清潔衛生看得見之外，客人對於選料也會更具視覺印象增添食慾。接著往右邊移動下一區站為麵團冷藏工作檯冰箱，工作人員可以在此區進行整麵擀皮的工作。很多Pizza餐廳會把這個區塊當成展示的重點區域，師傅專業快速的擀製麵皮、空拋麵皮增加筋性，相當有視覺記憶效果，尤其在現在這個大家愛拍照上傳社群的時代，這種免費的廣告效益更是不可忽略。

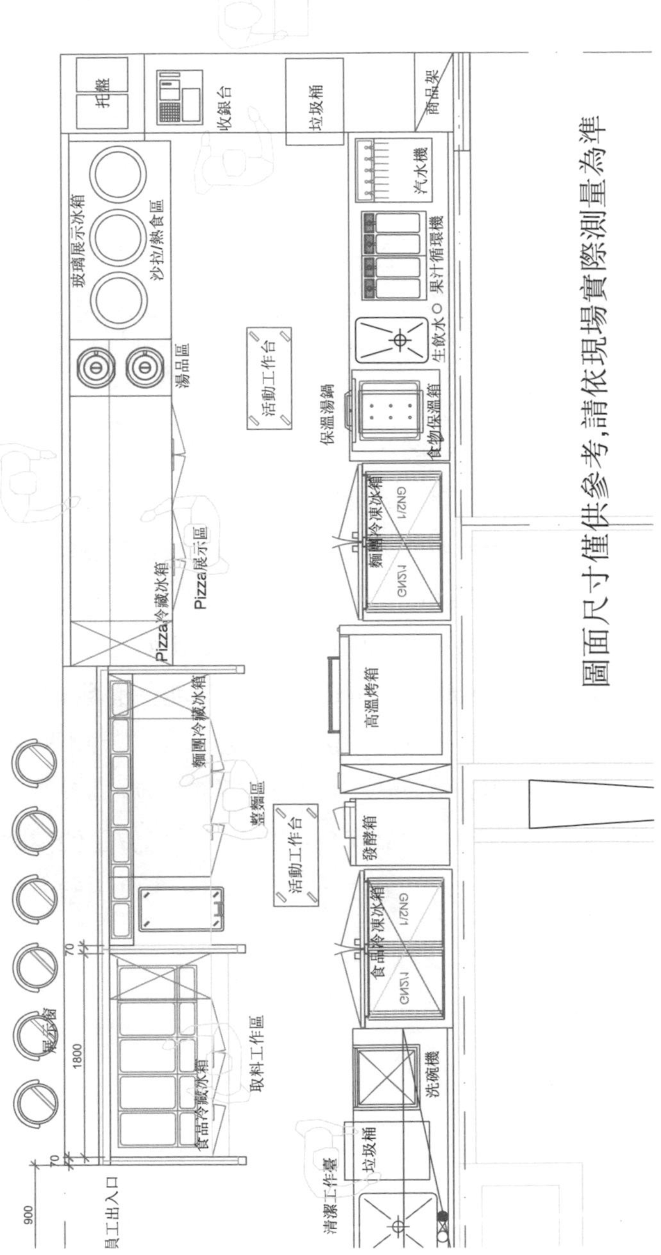

圖1-8　Pizza簡餐店開放廚房

五 第五節　廚房水電空調規劃作業

在這個階段除了把廚房的空間和設備的配置確認下來之外，也等同於讓水電和瓦斯的配線有了大致的走向和出口大略位置，而廚房排煙設備也因為爐具的位置確認而同時得到了答案。此階段要檢討的細節有水電需求和位置、廚房空調與排煙的計算規劃、照明的安排、走道的寬度、廚師工作的方便性和就手性、各項長寬高是否符合人體工學、職場勞工安全的考量，甚至包含冰箱門、冷凍冷藏庫或主廚辦公室的開啟方向是否和動線順向以減少危險發生。

「工欲善其事必先利其器」，有良好完善規劃的廚房空間和規劃，搭配合適不過度的投資，具有效能的廚房設備，是餐廳製作餐點最重要的要素之一。良善的預先規劃能夠提供生產效能和投資報酬率。廚房不再是愈大愈好，設備夠用就好，不見得要採購最新的款式，並且審視人力的配置需求和後端的預備作業，選擇出最合適的設施就足夠了。

本書在接下來的章節裡，將逐步有系統地探討廚房規劃的各項議題，舉凡空間的大小配置、施工規劃，並因應餐飲業態不同在廚房規劃上的要點、設備的特點與選購要訣、環保與消防的設施與設計、人力資源管理、證照制度、交叉訓練、食品安全議題、物品擺放定位、廚房的日常營運管理等，都將會在後面的章節逐一展開，用深入淺出的方式和讀者們做簡單的分享。

Chapter

2

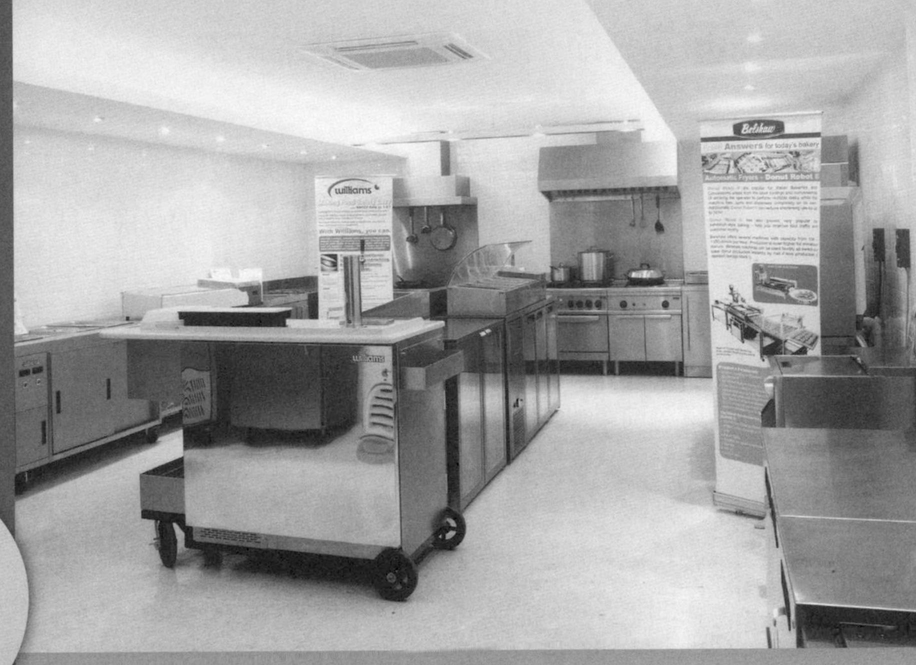

廚房空間配置

- 第一節　設計要素與基本需求
- 第二節　廚房空間、形式、動線的規劃要素
- 第三節　廚房設計流程與工作流程
- 第四節　區域說明及工作空間考量
- 第五節　業態對廚房的差異性

第一節　設計要素與基本需求

廚房是一家餐廳生產製備餐點的區域，可以說是一家餐廳的核心區域。良善的空間規劃、動線設計、合乎需求的設備、良善的環境品質和高度的就手性都是關鍵。這些關鍵要素不但決定了廚房的生產效能之外，還關乎著廚房工作人員的工作效率、健康，長遠下來對於廚師人力的運用、工作效率的提升，以及職業災害的預防都有很關鍵的影響。然而，當餐廳籌備之初，除非是碰到少數業主本身就是具有廚師背景，或是高度尊重主廚，全權授予主廚選購設備並且在預算上全力支持，否則多數的案例都是把錢花在客人感受得到的外場裝潢、燈具、家具家飾、餐具，甚至外場服務員的制服上，而對於生產重心的廚房卻忽略了！

在本章裡我們將針對廚房的設計要素、基本概念性的需求、空間大小與業種的關係、廚房的生產流程等做簡要的說明，並且搭配一些廚房的設計圖來做探討和概述。

首先，廚房的需求是什麼？這看似一個很無厘頭的問題，答案不外乎就是有廚具、空間和能源，讓廚師能做菜，有冷凍冷藏冰箱和室溫貨倉，讓廚師能夠存放食材。其實，如果要說完整，廚房的需求可以歸納出以下十個重點。

1.具有合理的空間搭配充足的照明：過大的空間只是浪費並且造成動線拉長影響工作效率，而全室配有充足的白光的照明，有助於廚師對食材顏色的判斷和眼睛的健康。

2.具有完善的冷熱水和生飲水的供應：除了冷水，利用配置鍋爐來生產熱水供廚師取用，可以加快煮沸的時間，同時對於舒肥機（Sous Vide，低溫水煮烹調機）、洗碗機、保溫水槽直接提供熱水也能減輕這些設備加熱元件的負荷，不但節能提高效率，也延長設備的使用壽命。生飲水更是能夠在清洗蔬菜沙拉水果時，或直接供應給製冰機作為水源，能夠有更好的食品安全水準。

3.具有良善的排水搭配截油槽等環保設施：環保法規日趨嚴格之外，一般人對於環保愛地球的觀念也不斷深植。透過廚房地面的坡度設計和排水溝的建置，可以讓工作人員在每日工作告一段落時澈底將廚房地面死角沖刷乾淨，並且很快的讓地面恢復乾燥。而每天工作當中產生的廢水、油水也都經過截油槽進行過濾，再進行排放。

4.具有良善的空氣品質和溫溼度，人員健康並且能兼顧食品安全：好的空氣品質絕對影響一個人的思緒反應和健康。廚房最怕的就是燃燒不完全產生的一氧化碳中毒，這需要有排煙設備來排出風險，並且導入新鮮空氣和冷氣來補充含氧量，並且兼顧溫濕度，讓人員健康和食品衛生都更有保障。

5.具有足夠的電壓和瓦斯壓力，因應廚房各類設備的能源需求：瓦斯的壓力直接影響瓦斯爐口的火力和烹煮效能，如果壓力不夠，除了拉長製備餐點的時間，也直接影響了食物的口感和美味。而電壓或電流設計不夠，更會直接造成電器設備的跳脫完全無法動作。因此事前的設備評估和能源的規劃是息息相關的。

6.配置合適的設備因應菜單品項的製作需求，並兼顧日後菜單的擴充性：過多的設備只是造成無謂的投資，不足的設備則會造成生產效率不足，影響供餐時間和顧客感受。因此，籌備初期先釐清要做的料理類別，並且把菜單的輪廓方向抓清楚，才不會有設備不合宜或不適量的問題。這關乎著投資預算和廚房空間的規劃，不得不慎！

7.具有合理的走道和工作空間，提升效率也顧及廚師間的安全：合適的走道空間，可以讓工作人員即使手上拿著鍋盆或食材也能輕鬆通過，兩人擦身而過時也能稍稍側身就會身而過。但是過寬的走道就直接影響了坪效，占走了可能的餐桌空間和潛在的營收，需仔細思量！

8.規劃合適的區域及動線：合適的區域規劃把汙染和非汙染的食材物品做有效的區隔，也讓廚房看起來更專業更具設計邏輯。而良好的動線規劃應該盡可能創造人員動線的單向進行，避免碰撞，也讓人員流動更順暢。用餐尖峰時間，每個工作崗位的廚師也盡可能地停留在自己所屬的工作站完成製備餐點的任務，畢竟每次的移動和步行都是時間和體力的浪費，也造成碰撞的機會。在廚房工作，安全至上，任何的碰撞都應把機率降至最低。

9.採用安全抗菌並且易清洗的建材：建構天地壁及檯面時，都要考量到清潔的容易度，畢竟廚房是高溫潮溼多油煙的地方。天花板和壁面都應選擇防火耐燃而且好擦拭好清洗的材質，而檯面除了這些相同考量，還應該把抗菌不鏽鋼考慮進來，避免藏汙納垢，尤其是不鏽鋼板轉折的地方也應保持好擦拭的狀態。

10.備置安全急救救災的配備和設施：水、火、電無情，廚房除了兼備這三種危險因子，還多了滾燙的醬汁熱水、鋒利的刀具、各類陶瓷玻璃器皿和具有危險性的廚具設備（烤箱、攪拌機），因此嚴格遵守安全規範，完善配置滅火設備，加裝瓦斯偵測器，以及周而復始的安全教育訓練都是必需的，既能提高工作人員的安全，也將財產損害及公共安全的災害程度降到最低。

綜合以上十點要素，簡單歸納就是環保、衛生、安全、效率、節能，節能、效率能降低成本創造獲利；安全、效率能讓廚師工作得更健康更愉快，也有助於士氣提升；而環保、衛生則關乎著消費者食品安全的把關和對地球盡一份企業的責任。

第二節　廚房空間、形式、動線的規劃要素

一、廚房大小

究竟廚房的空間應該占整家餐廳的多少比例才是合理的？我想這個問題應該是對於一個初踏入餐飲業投資開設餐館或簡餐店首先要面臨的困難抉擇。多數人的想法就是愈小愈好，畢竟房租在付就是一種成本壓

力，盡量把空間留給外場擺設餐桌椅來增加客人的胃納量以提高營收，是普遍的直覺看法。但是更多的時候，空間侷限的廚房也直接影響了製備餐點的能量和效率。如何拿捏到一個合理的比重就成了策略初期很重要的一環。筆者依據業界知名餐飲廚房規劃專業廠商的建議（**表2-1**），每座席數約需0.35～0.45平方公尺的廚房空間來看，假設一般我們常見的餐廳坪數約80坪看來，廚房空間約占28～36坪的空間。筆者認為，廚房空間究竟多少其實並沒有真正的標準，就如**表2-1**專業廠商在備註欄裡所寫的「依料理不同而定」，也就是說隨著菜系和菜單內容的不同，廚房的空間和設備也會有不小的差異。可以確定的是，廚房少不了的共同設備就是冷凍、冷藏、切洗和調理製作的工作檯面和水槽。再來就會依照菜單內容來配置不同的設備，進而影響了空間的需求。舉例來說，大家熟悉的爭鮮迴轉壽司連鎖店，透過中央廚房的統一採購和半成品的製作，現場只有冷廚設備讓廚師可以快速製作壽司及生魚片等產品，外加簡單的保溫設備給茶碗蒸和味增湯，廚房所需空間當然小。但是大街小巷常見的小館子賣著各式蒸餃、牛肉麵、水餃、熱炒，廚房的設備自然少不了蒸炊、熱炒爐，甚至烤箱，空間的需求也跟著變大。不過就筆者的觀察，這些數據都是在遵循專業、食品安全衛生、合宜動線和空間的情況下所建議的大小，在專業的飯店、連鎖有制度、有品牌力和社會知名度的餐廳還有可見度。而在多數的業界看來，廚房空間其實都小於專業廠商的建議值，普遍僅約守在每座位數0.3平方公尺左右的廚房空間而已。

表2-1　廚房面積需求

廚房面積需求		
每座席所需廚房坪數		備註
中餐廳	0.35～0.45 m²	依料理不同而定
西餐廳	0.35～0.45 m²	依料理不同而定
飯店宴會廳	0.3 m²	300人以上座席宴會廳

資料來源：詮揚股份有限公司官方網站

至於廚房的樓板高度，筆者則建議廚房的淨高度至少3公尺以上會是比較適宜的高度，因為廚房通常會透過泥座墊高以埋設排水溝並且創造出高度落差來順利排水，這個墊高的工程通常約15～20公分。再者，上方樓板難免會出現屋樑以支撐房屋的重量，是必要的建築力學結構，通常樑的高度約在40公分左右。而廚房的天花板內除了建物既有的上樑之外，還會有排煙管、消防水管、各式水電管線，以及冷氣風管和冰水送風機。其中排煙管及冷氣風管則必須有至少20公分的高度。如果必須經過上樑時，又必須往下延伸繞後上樑後再往上攀升，都是在壓縮廚房的高度。因此如果以合宜的廚師175公分身高來推算：

廚房墊高工程20公分+175公分身高+ 45公分頭部上方空間+排煙／冷氣風管20公分+上樑40公分= 300公分板對板淨高

二、廚房的形式

廚房的形式主要取決於主廚個人的喜好、廚房空間裡既有房屋的樑柱配置和廚房空間的形狀。主廚個人的喜好不外乎是希望廚房的形式能夠縮短工作時的步行時間和距離、人與人之間方便溝通對話、器皿食材易於傳遞、避免動線交叉造成人員之間的意外碰撞，就像很多製造業工廠生產線一般，這種典型的直線式廚房就是最好的選擇（**圖2-1**）。然而，更多的時候總是事與願違。舉例來說，房屋既有的樑柱多半有支撐房屋重量的力學考量，不如簡單的隔間牆可以說拆就拆。這些柱子可能造成空間動線的中斷，形成一整排的設備被迫切割成兩段，而這切割的過程中自然會影響空間效率。最常見的安排方式是利用柱子切斷整體廚房設備檯面時，簡單區分成冷區和熱區，或是不同的製備工作站，例如油炸煎炒在柱子的一側，而另一側則可能配置比較不會油膩的炊蒸、冷盤。

而房屋的上樑更是決定廚房形式的另一個重要因素。所有人都知道廚房因為油煙的產生就勢必要有排油煙罩、排煙管的配置。當遇到屋樑時

圖2-1　直線式廚房

這些排煙管可能被迫順著屋樑而降低高度，繞過屋樑後再爬升緊貼廚房上方的樓板繼續通往戶外的水洗靜電設備。通常房屋上樑約有40公分的高度和寬度，這也就是造成排煙管必須在遇到上樑時跟著順勢垂降、延伸、再陡升各40公分回到廚房上方樓板的高度，每次的轉彎都會對排煙的效率產生衰減，並且在轉彎處殘留更多的油漬，形成清潔和排煙效率的困擾（**圖2-2**）。因此，如果遇到樑柱必須進行閃躲時，自然就會產生出其他

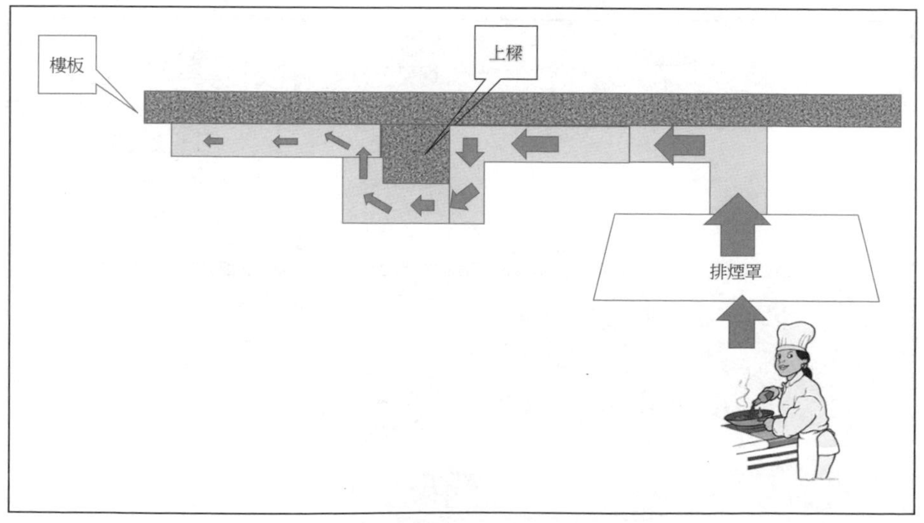

圖2-2　上樑對排煙效率影響示意圖

形式的廚房，例如：背對背式廚房（**圖2-3**），藉此設計將兩排廚區分別規劃為冷廚、熱廚，或製備區和烹飪區。中島面對面式廚房（**圖2-4**），其原理是將各式烹飪設備、工作檯採用背對背方式擺設，如此就可以讓廚師們分站兩側形成面對面狀態。礙於設備冷熱性質不同和配管需要，通常

圖2-3　背對背式廚房

圖2-4　中島面對面式廚房

中島面對面式廚房會在中間築起一到矮磚牆，來隔絕設備產生的高溫，並且將瓦斯或水電管線埋入磚牆中。L形式廚房和U字型廚房（**圖2-5**、**圖2-6**），其單純因為廚房的長寬比例不符中島式或直線式的空間需求而產生的另一種配置形式。理想上來說，廚房的空間理想長寬配比約在10：15～20之間為宜。

圖2-5　L形式廚房

圖2-6　U形式廚房

第三節　廚房設計流程與工作流程

一、廚房設計流程

餐廳籌備時，多數業主總是容易將整體的設計重心放在外場，畢竟這是對消費者最有感的環境要素，然而廚房身為餐廳的心臟負責餐點的製備烹調，設計上的思考絕對也不能輕忽。

首先，要最先明確的兩件事情不外乎是餐點料理的菜系和目標客群的設定。以餐點料理來說，簡單分就是東方菜系（亞洲菜系）和西方菜系（歐美菜系），細分下來當然就可以拓展到各國獨有的菜色風味和特殊的烹調方式。這取決於業主本身創業的初衷、情感或回憶的投射、個人對美食的喜好，當然也必須要考量到市場的規模大小、餐廳所在城市和商圈對於這項料理的接受度，再者，目標客群是否是這系列料理的普遍喜好者、預算上是否可以匹配、消費者本身的年齡、教育背景、收入、個人或家庭的生命週期是否剛好是這系列料理的消費者所能對應。

在確認完料理菜系和目標客群之後，接著要延伸出來的問題就是餐廳裡廚房的位置、空間大小、樓板高度、是否有後門進貨動線來支持這個廚房的建立。最後再來考量配合料理菜系和餐廳座席數之後，廚房需要配置的設備有哪些？產能是否能夠支應外場客席數的用餐需求？整體廚房建置和設備採購的預算是否是業主所能承擔？以及餐廳所在區域的能源公共建設是否能提供足夠的瓦斯壓力和足夠的電力供餐廳營業使用，或需另外自費額外申請？有些時候就算花錢要額外申請，也可能因為社區老舊或區域性都市規劃考量無法加埋管線或加壓瓦斯，這時候就只能選擇替代設備來補足營運上的需求了！因此，廚房設計規劃之初，料理、預算、空間、設備都必須被審慎思考，才不會將來有錯誤投資、超額投資、空間或產能或電源不足的情況（**圖2-7**）。

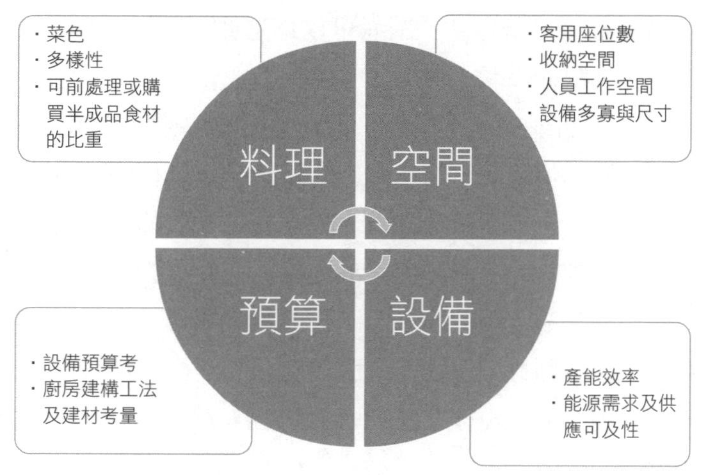

圖2-7　廚房設計初始考量要素

二、廚房工作流程

在規劃廚房的內部陳設時，可以先以區域的概念來做簡單的分區，再將每個區域做細部的安排，這會是比較可行的方式。如果以一個專業廚房或大型中央工廠的概念來看，首重就是食品安全的考量。為了確保食品的安全，在動線的規劃上就會有很獨到的設計讓汙染不致擴散。簡單說，食材從外部驗收入庫時是最高度汙染的階段，在完成驗收及農藥殘留化驗等階段後，就進到冷凍、冷藏、室溫倉儲區域，進而進行前置洗滌、分切、肉類修清、醃漬或其他前置處理、分裝、冷凍（藏）備用、解凍、點餐、製作、出餐等流程。筆者可以很清楚的看出來從進貨到最後的出餐流程，食材是從原始的較高食安或汙染風險，逐步經過各道程序後進到乾淨可食用的狀態。

而在中央工廠裡，人員的動線剛好和食材的動線相反。在進入廠區前必須先更衣、穿戴無塵帽、防菌手套、口罩、雨鞋後，然後洗手消毒、踩過泡鞋消毒池後，再經過吹風去塵室，才能正式進到生產區。這時的生產區其實已經多半是末端的包裝區，然後再進到烹煮區、分切區、洗滌區、倉儲區，最後是驗貨區。讀者可以透過**圖2-8**的示意圖大致瞭解人員和食材的相反動線的邏輯。

至於一般的飯店或餐廳的廚房，無論在空間規模和設備上都和中央工廠有很大的不同，但是在工作流程上的設計原理是相同的。我們總是希望廚房能夠有個後門，方便廠商送貨，因此接近後門的地方也通常會是倉儲區，不論是室溫乾倉或冷凍冷藏庫都會就近在此規劃出來，廚師對廠商的驗收當然也在此完成，因此少不了磅秤等輔助器具。接著這些食材就會依照需求往廚房的各區移動，以進行前置處理、清洗分切、肉類修清、魚類去鱗、分裝備用，最後再移往烹調區依照客人點餐內容進行烹煮，最後淋醬裝飾出餐。

而人員動線還是會有簡單的規範，例如打卡、更衣、洗手消毒等程序後，進到廚房進行各區的工作。可說是麻雀雖小卻也功能五臟俱全！只是在規劃上盡可能做到清潔區域和髒汙區域盡量分開、蔬果清洗、肉類分

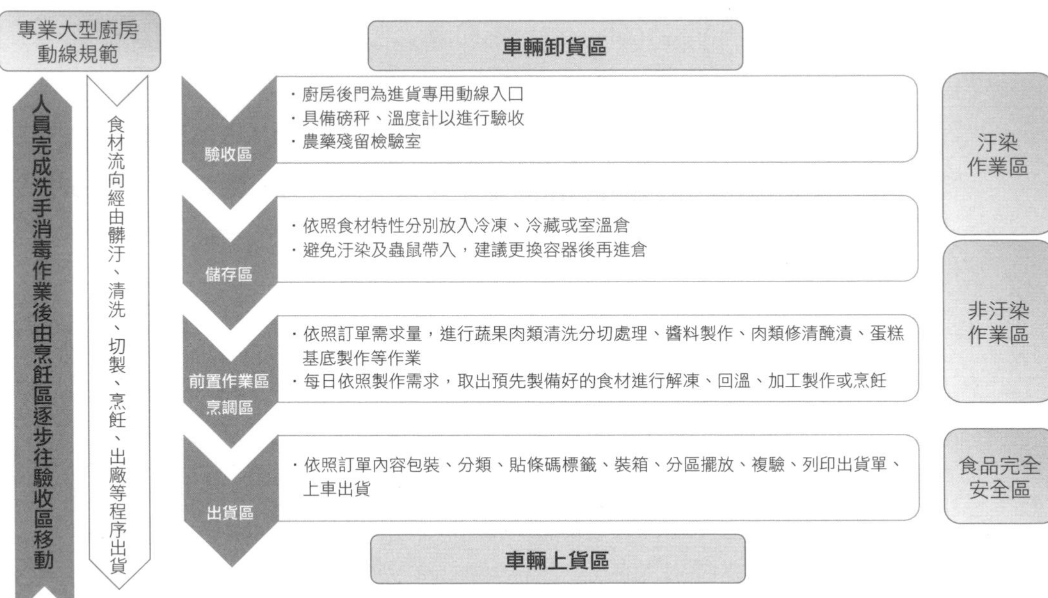

圖2-8　廚房及中央工廠作業流程圖示說明

切、海鮮處理也務必區分清楚、如果條件允許的話，更可以把不同溫度的工作區域作區隔，例如巧克力甜點最怕高溫造成出汗或融化，就應該和充滿烤箱和爐火的烹飪區分開。詳細的廚房區域規劃流程可以參考**圖2-9**示意圖。

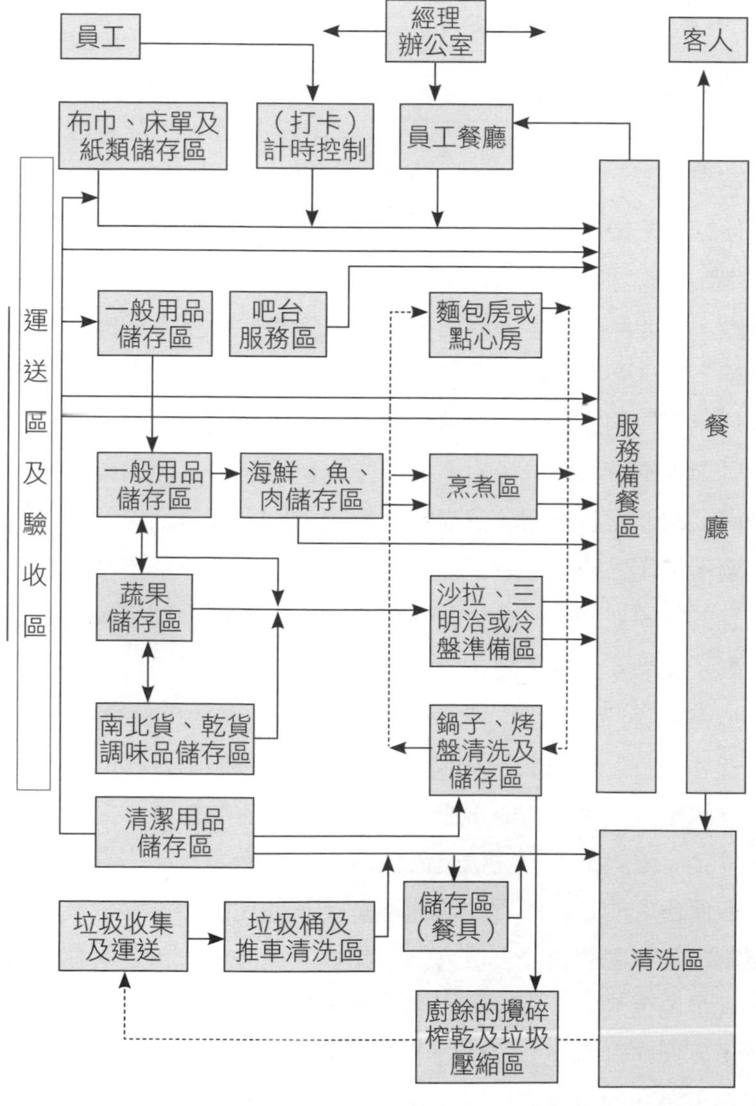

圖2-9　廚房區域規劃流程

第四節　區域說明及工作空間考量

一、區域說明

(一)驗收倉儲區

驗收倉儲區通常在廚房的後方，如果建築物本身原始設計允許的話，最好能有廚房的後門並且連通送貨動線到廠商停車卸貨的區域。一般來說，舉凡醫院、飯店、餐廳、百貨公司賣場、展覽會館都有類似的設計，方便營運和後場補給有各自的動線，一來方便保全人員對送貨人員門禁換證進出的管理，另方面也能有效管理停車秩序。但是對於一般街邊的獨立餐廳，除非剛好有合適的防火巷可以規劃給送貨人員捨棄餐廳營業大廳的動線，改走防火巷到餐廳後方由後門進入之外，大部分的餐廳確實比較難以規劃專屬的送貨動線。這種情況下就應該盡量規範廠商送貨時間能夠避開營運尖峰時段，以免對客人造成視覺觀感的負面印象，也破壞了用餐的美好氛圍。而且這對於負責驗收的廚房同事更是困擾，必須放下手邊忙碌的廚房工作去驗收，除了容易產生驗收不仔細草草了事之外，恐怕也沒有多餘的時間把送來的食材做分類並且立即進到冷凍冷藏的指定溫度環境，提高了食品安全的風險。

驗收倉儲區主要的空間是在於建置冷凍冷藏庫的空間，一般而言大約各2～3坪左右，再加上室溫的層架作為乾貨罐頭等食材的擺放。過大的空間其實只是造成坪效的浪費並且增加過度存貨的機率。尤其現在百貨公司寸土寸金，絕對不會犧牲樓層最精華的餐飲商業空間去擺放這些食材或備品，取而代之的是在百貨公司地下室或其他比較不影響營業空間的地方另行規劃給各個餐飲櫃位去做倉儲。此外，過多的庫存就財務管理的面向來看，就是現金流的不當管理，現金應該有最高的資金運轉率或投資，而不是買了貨押在倉庫裡還同時付了空間租金成本。另方面，就食品安全的角度來看，過多的庫存容易造成管理上的疏漏和人力成本，間接造成蟲鼠噬咬及食材過期的風險。

驗收倉儲區通常只要需要配置三種磅秤，分別是落地式磅秤可測量百公斤內的物品，常用於整箱牛肉、麵粉、白米等食材的秤重；桌上型磅秤可以測量約20公斤，這是餐廳多數食材驗收秤重時最常用到的磅秤規格；而小型電子秤則是用量測量，如松露、燕窩、鴨肝、番紅花等高貴少量的食材，這類食材通常以公克為單位作計價。

驗收倉儲區在規劃上另有一個建議建置的設備就是蟲鼠防制設施。因此不妨規劃後門開啟的時候連動風門的啟動，透過風門吹出形成的風牆，阻隔外部蚊蟲飛入，同時避免室內冷氣外洩，達到節能和防蟲的目的。如果要在門上加窗塑膠門簾，則可以和蟲鼠防治公司討論，利用飛蟲普遍有向光性的飛行習慣，選用橘色塑膠門簾可以阻絕光線，減低飛蟲飛入的機會。

(二)前置作業區

前置作業區規劃的位置在倉儲驗收區和烹飪調理區之間，顧名思義就是將進貨的食材在接受客人點單烹飪之前，預做各項必要的準備工作。這些工作常見的生鮮食材工序有蔬果切洗削皮分裝；肉類去筋膜、斷筋、分切、秤重裝袋；魚類去鱗去骨分切。其他準備工作諸如肉類醃漬、煮湯底、製作沙拉醬、甜點、披薩麵團揉製發酵甚至預烤定型、義大利麵條預煮上油冷卻分裝……工作項目五花八門且繁瑣，端看主廚菜單設計的內容，預先安排前置作業的項目。這個作業區域工作內容做得愈好，用餐尖峰期的出餐愈是順利。也因為多屬於前置作業工作，這個區域最忙碌的時候是在早上時段和下午空班時段，到了用餐尖峰期通常人力都調往烹煮區應付營運，這個前置準備區反而是比較閒置的。也因為此區的功能屬性不同，人員會在倉儲區拿取所需的食材後，到這個區域來進行前處理，在設備上則多半以工作檯冰箱作為檯面，下方就近可以冰存食材，瓦斯爐也多以熬煮製作醬汁或湯品為主。水槽和製冰機也是本區所需的設備，在處理生鮮蔬果時適度的冰塊可以增加蔬果的鮮脆口感並且維持食品安全、海鮮類處理過程適度的冰鎮也是必需的，水槽則是洗清各項食材或浸泡放流時使用。選購多種不同顏色的砧板更是絕對必要，因為此區要大量處理各種生鮮食材，如果不透過顏色區分各類食材的專用砧板，極度容易造成交叉汙染危害消費者食品安全。通常來說，黃色是肉類、綠色是蔬果、紅色是熟食、白色是其他。

比較特別的是這區多半也配置塑膠袋的抽取，有點類似大賣場蔬果區有整捆塑膠袋供消費者自取盛裝。在前置準備區裡有一個很重要的工作，就是將分切好的魚、肉、麵條等食材依照食譜規範，在完成前處理之後依照所需重量秤重裝袋後移到烹飪調理區冷藏存放備用。另一個有趣卻非常實用的東西則是日期貼紙，把預設到期日那天的相對應日期貼紙貼在塑膠袋上，從星期一到星期日共有七款貼紙，除了文字之外也賦予不同顏色，方便第一時間透過顏色作區別，以利做好先進先出的作業。這種日期標籤貼紙相當普遍使用於餐飲業界，一般餐飲用品廠商都有販售，無須額外訂製（**圖2-10**）。

(三)烹飪調理區

來到烹飪調理區，說穿了就是直接面對外場點菜送單進來後，必須短時間內有組織性、有效率地完成餐點製作送到客人餐桌上的戰場。使命

圖2-10　星期標籤貼紙

很清楚，餐點依照標準口味和內容物製作，快速高效率，並且依照客人點餐的順序來製作出餐。為了滿足這個使命，在設備的選用、動線安排就顯得非常重要，當然這當中也必須擁有一位發號施令者掌握各個廚區的工作進度和所需時間，才能夠達成使命。而設備上來說，當然也會依照餐廳屬性和菜單不同而讓各家廚房的設備有所差異。

◆中式料理區

以中餐來說，最常見的是快速爐（強力鼓風瓦斯爐），用於各式的熱炒，既快速而且火侯夠讓食物更增添美味。多數中式餐廳並未配置專用油炸爐，也都是直接利用這類瓦斯爐上鐵鍋倒入所需的炸油快速加熱，效果完全不遜色。

中餐常見的烹飪設備還有蒸氣抽屜爐，除了可以蒸煮海鮮，也可以把預先燉好的各種湯盅或是米糕油飯肉粽放在蒸氣抽屜爐內保溫。大家熟悉的早餐豆漿店也是利用電力的蒸氣保溫爐放各式包子和饅頭，相當實用！

對於少數的燒烤菜色，例如烤秋刀魚、味增豬肉等，在中式餐廳也比較不常見到正統烤箱，取而代之的是明火烤爐，較不占空間也方便隨時檢視燒烤程度。基本上來說，中式廚房的設備相對於西式廚房來說單純一些！我們將在下一章針對所有常見的廚房設備再作詳細說明。

◆西式料理區

西式料理而言，最明顯的不同在於設備的多樣性。舉凡烤箱、蒸烤箱、油炸爐、平口瓦斯爐、明火烤爐、保溫水槽、炭烤爐、煎板台都是常見的設備，而水槽、製冰機、保溫湯鍋、微波爐、工作檯冰箱這些一般通用型廚房設備更是不在話下。這幾年尤其在烤箱上的技術更是日新月異，從傳統瓦斯爐台下烤箱、披薩窯烤、蒸烤箱在技術上都有長足的進步。

西式料理在冷廚上的設備規劃也比亞洲料理來得較多樣，除了傳統的工作檯冰箱之外、開架式可放置多種食材的工作檯冰箱是西餐冷廚常見的設備，不管是用來放披薩餡料、沙拉或三明治原料都非常實用，市面上subway就是很典型的案例，工作人員可以依照每種食材使用量的多寡，自由調整容器尺寸並且兼顧就手方便性來提高工作效率並兼顧食材的保存品質。有些較考究的餐廳會重視冷食要用冷盤才盛裝，會在冷廚的工作區域內配置冷藏甚至冷凍冰箱專門用來冰存沙拉／甜點盤，除了維持食物的鮮脆和良好溫度，更重要的是上桌時客人碰觸到冰盤時會產生深刻的印象。

(四)出餐品管區

顧名思義就是餐點在廚房完成製作後送交外場跑餐人員時的最後一個管制點。這個工作區站的主要任務有為餐點做最後的裝飾、或附上沾醬碟、或整理歸納同桌或同區的餐點一起交給送餐人員送出，以及最重要的工作就是做最後的品管確認，檢視原物料、規格、熟度、份量、擺盤，乃至於將盤緣擦拭乾淨。出餐品管區多半在美式餐廳會建構這個工作區站，並且由具經驗且最好有廚房各區站工作能力的人來擔綱，憑藉其能力和經驗來做最後的審核。這個區站同時也扮演著內外場溝通的橋樑，當外場帶進客人對餐點的任何特殊需求訊息或催餐需求時，都是由出餐品管區的人來接受外場訊息，進而轉達給相對應的廚師，如此較能讓廚師比較心無旁騖的製作餐點。

(五)洗滌區

舉凡所有餐廳的鍋碗瓢盆餐盤餐具都會聚集到這邊來作清洗後重新回到各站區備用。考究一點的餐廳會針對飲料杯子另外配置一台專屬的洗杯機在洗滌區或吧檯區。而對於烘焙業來說，有些器皿烤盤體積或面積較大，也可以考慮不同用途的洗滌機，來應付這些器皿的洗滌作業。洗滌區也必須預留工作檯面方便讓餐具送進來還沒清洗前作分類堆疊、餐具預泡。

洗滌區另外也是廚餘的匯集處，設計這個區域空間時應特別保留廚餘桶、垃圾桶、水溝濾渣槽、截油槽的配置空間。當然適度的層架規劃方便洗滌區收納洗好的餐具更是不可遺漏。

(六)主廚辦公室

在理想的狀態下一般都會把主廚辦公室直接建置在廚房區域，並且會有大片玻璃可以透視，隨時可以觀察廚房工作情況。主廚辦公室空間不必大，主要是提供主廚做電腦文書工作、資料存檔、書籍放置、外牆設置公告欄等行政庶務使用。有些餐廳礙於空間，也會讓主廚和外場主管共用辦公室也無不可。

二、工作空間考量

在此我們要討論的是廚房裡各項檯面、櫃體、走道空間配置的重要性。謹慎貼心的空間度量衡設計，對於廚房同仁的長時間工作有絕對的影響。適度的空間留白能減緩工作壓力和焦慮緊迫感，讓工作心理能夠獲得抒壓和平和，對於較長時間的工作有絕對的幫助，畢竟廚房裡地板濕滑、火水刀刃隨處可見、又濕又熱且排煙設備長時間發出低頻音波，如果廚師因為空間環境的緊迫造成情緒上的失控，往往就在這麼一瞬間發生了不可彌補的遺憾。反之，良善的工作環境讓溫溼度、噪音都得到良善管理，再搭配適合國人身形的人體工學設計、適度的空間留白絕對能夠減少工作職業傷害，並且具體提高工作士氣和效率，這些投資絕對值得，並且也是身為業主展現對專業廚師的重視，可視為一項長期的投資。

(一)高度

在廚房裡用廣義的角度來看，可以被解釋成工作檯面的高度、插座的高度、層架櫃體的高度、天花板的高度、爐台的高度、水槽的高度／深度、微波爐和明火烤箱擺設的高度。在正常的情況下，以國人男女性平均約在165～168公分的身高條件下，工作檯的理想高度為82～85公分左右。而屬性不同的廚房在工作檯面高度上仍必須加以考量（**圖2-11**）。

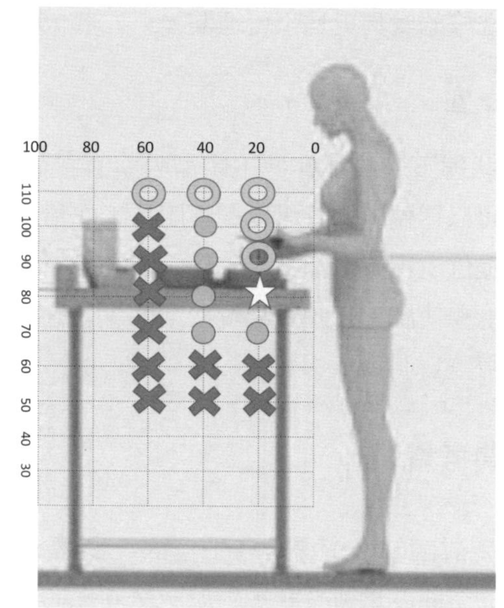

圖2-11　合適人體工學作業高度示意圖

例如中餐廳常會有厚度高達10公分剁肉專用的木製砧板，那工作檯就必須配合降低高度，好讓最終的完成面高度維持在82～85公分間，以符合人體工學避免廚師長時間吊高手臂工作，既容易疲勞受傷也直接影響剁肉的力道。

又例如廚房常見的微波爐，方便廚師短時間內為食材加熱使用，因為微波的食品可能是湯湯水水，如果把微波爐放得太高容易在完成微波後端出時不慎溢出造成人員危險，建議微波爐如果因為節省檯面空間而不放在工作檯面上改至於層架時，高度盡可能維持在120公分以下高度，較能兼顧安全。

而明火烤箱這項常見設備本來就是用在食物的最終加熱，例如將漢堡肉鋪上起司片後放置明火烤箱，以將起司片融化這類的簡單加熱炙烤程序，時間短而且不會有湯湯水水的食材，重量也不重，在安全考量上比較沒有過高風險，則明火烤箱的下緣可以在150公分的高度，讓廚師仍能夠目視食物炙烤的程度，放上取下也方便作業。

燉煮高湯湯爐是不論中西式餐廳都會用到的爐頭設備，這個高湯爐的特性多用在大型湯桶並且得經過長時間（4～10小時都屬常見）的慢火熬煮。這類湯桶在業界的常見尺寸小則40公分大至60公分深，湯鍋直徑也都在40～50公分之譜，如此大的湯鍋以深度和直徑都為56公分的湯鍋為例，滿水位能盛裝達137.8公升，絕非一般人可以獨立挪移的重量，況且高溫油湯更是增添危險性。又試想如果瓦斯爐高度是82公分，加上56公分的湯桶後總計高達138公分，對廚師而言要拿著湯勺攪拌和觀察湯桶內食材燉煮的情況自然是非常困擾的，既吊手也危險！這時候需要的是45～50公分高約略低於膝蓋高度的湯爐，置上56公分的湯桶後約為100～105公分左右，對廚師來說就顯得就手也安全許多。通常這類的湯爐都會在120公分高度的牆上配置水龍頭，方便直接開水注入鍋內讓工作上更順手更有效率（**圖2-12**、**圖2-13**）。

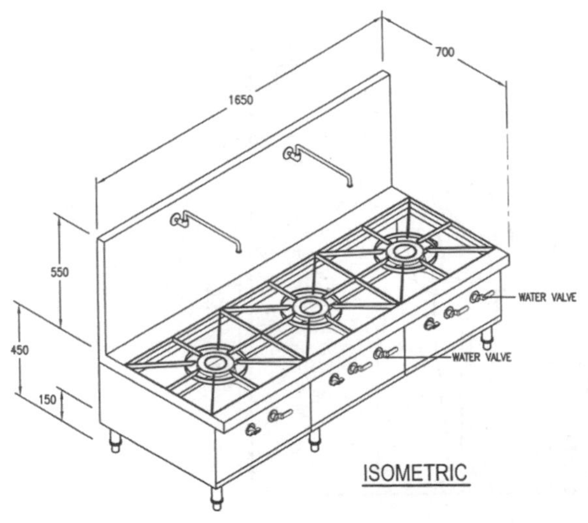

圖2-12　矮湯爐高度示意圖

圖2-13　矮湯爐前工作示意圖

資料來源：取自壹週刊照片

櫥櫃高度也是廚房設計上很重要的一個考量，必須兼顧就手性和頭部安全性。因此，在身高以下的第一層層板或櫃體的下方高度應該在155公分左右，方便隨時抬手拿取。這個高度因為考量到廚師在工作檯面烹調製作食材時通常呈現低頭狀態，為了避免頭部和這層櫃子碰撞，因此必須內縮約20～30公分為宜。這層櫃子由下往上延伸超過40公分（實際高度為195公分）後，通常已經高於多數人的身高，則原本內縮的櫃體可以恢復到原有的身度，並一路往上延伸（**圖2-14**）。

(二)工作寬度

廚師在廚房工作時不論是剁切、調製、裝飾、煎炒、餐點組合都需要合適的工作空間，方便師傅隨時轉換身體角度來提高工作時的就手

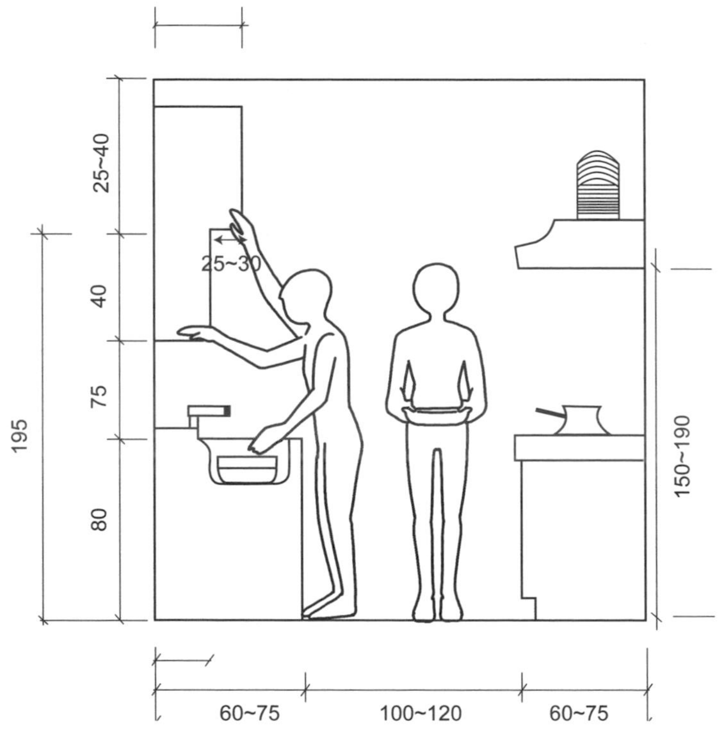

圖2-14　櫃體與走道空間示意圖

性，而且有時候手上還拿著刀具或鍋鏟等器具，合適的個人工作寬度絕對是必需的，也能讓師傅在心理上有些喘息空間而不致因為壓迫而精神緊繃。一般而言，人體的肩膀寬度約在45～50公分間，再加上合宜的間隔作為工作肢體活動的需求則至少要多15公分，換句話說，每人分配到65公分作為基本的工作空間是必需的。然而，有時候為了食品安全生熟分離或是冷熱分離的考量，工作檯面和砧板又必須同時存在工作檯面上，則會有甚至一倍以上的寬度作為同一個人獨立操作的區域，端看廚房菜單的設計和設備器具搭配而定（**圖2-15**）。

(三)走道寬度

一般而言，在廚房空間設計裡，理想的狀態最好是維持走道至少有90公分甚至到達120公分是最好的狀態。這120公分的理想狀態是源自於假設兩個廚師在走道上擦身而過時，一個人或許正拿著重物所以仍維持原來的行進方式肩寬75公分，而另一位則是側身禮讓對方，肩寬則以45公分計算，所以有120公分走道寬度為宜的設計概念。

但是，如果是在廚房調理區內，則應該在設備配置初期就想好動線規劃，盡可能避免烹飪區內的人員交錯行進，因為餐期忙碌間手上有刀、設備又都是高溫油甚至明火狀態，此時每一次轉身或行進都是危險因

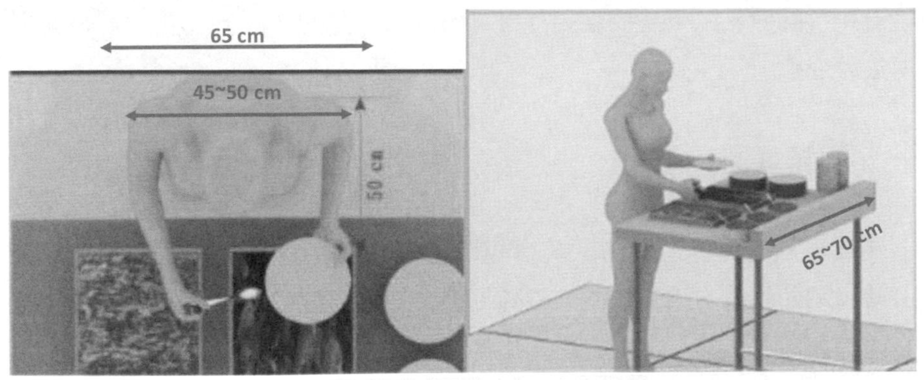

圖2-15　個人工作寬度示意圖

子的創造。假設能盡量避免這類危險行為的發生，就可以讓走道寬度減少到75公分，這樣能方便廚師在做菜及轉身擺盤、淋醬、出菜的動作都能快速完成，75公分正好是一個人轉身工作的合適走道寬度。

(四)就手性

所有冰箱、蒸烤箱、烤箱，甚至微波爐等有門片設計的設備都應該要預留門片打開的迴旋空間。不但如此，也應該考慮就手性。**圖2-16**裡可以看到設計圖裡蒸烤箱的門是由機體左邊向右打開，剛好與人員行進到蒸烤箱的方向相逆，就會很不順手。我們將蒸烤箱移了位置並且逆時鐘轉了90度，等於剛好在工作動線上的路底，廚師要打開蒸烤箱的順手性獲得非常大的改善（**圖2-17**）。

第五節　業態對廚房的差異性

不同的品類餐飲對於廚房的要求也不同，很多人認為咖啡簡餐廳很簡單，甚至用微波爐和氣炸鍋這種一招半式的廚房再買點現成調理包就可以開個咖啡簡餐廳。這主要還是要看品類來決定設備，確實有些廚房設備可以很簡單，但是不等於沒有KNOW HOW，而且背後是否有央廚和強大物流也是關鍵。以下我們就幾種常見不同餐點類型，設備卻相對單純的廚房來做簡述。

一、迴轉壽司

要提到迴轉壽司廚房，其實相信各位讀者腦海裡更多的畫面反而是迴轉壽司的軌道，因為多數人沒什麼機會知道這些壽司在客人看不到的場景裡是如何運作的。這些握壽司用的醋飯其實多半是中央工程透過自動化洗米、煮飯、吹冷、攪拌、然後塑型，再經過物流配送到門市。握壽司上

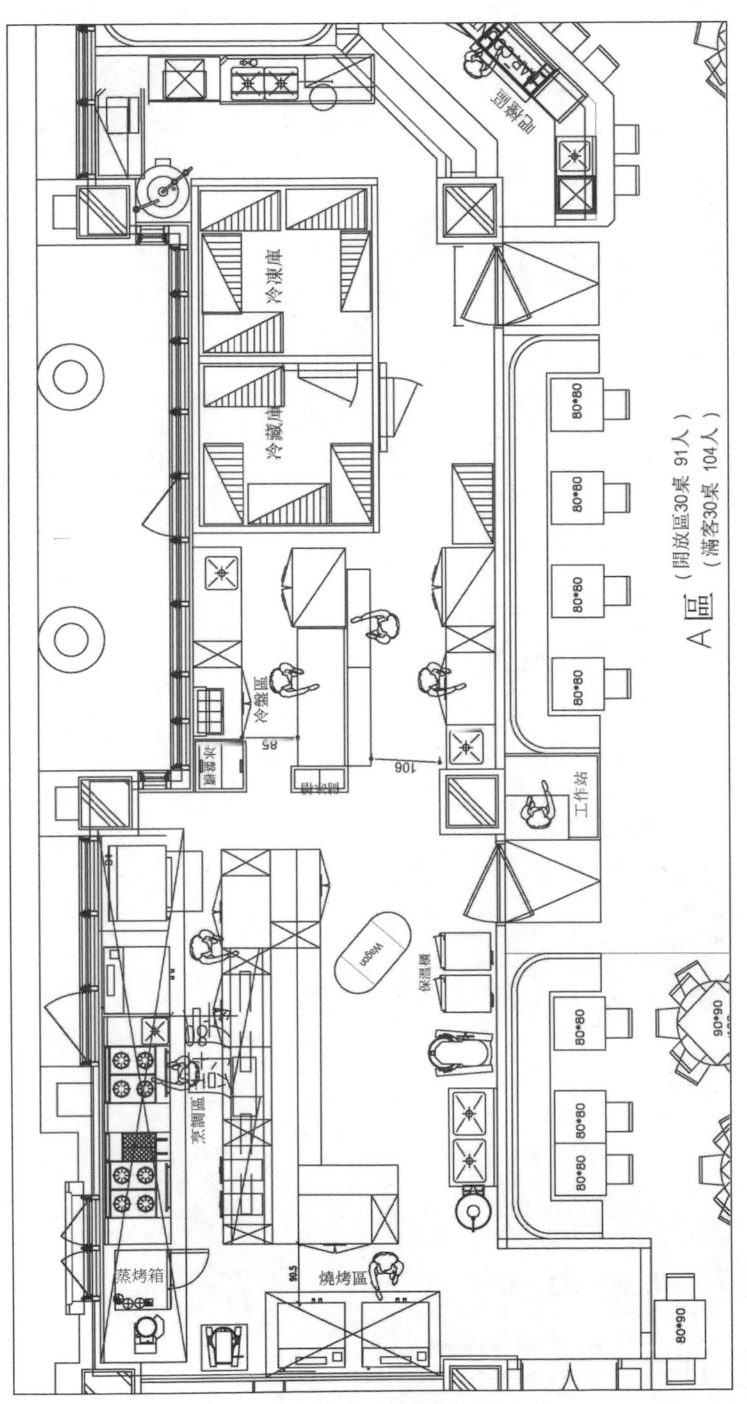

圖2-16　蒸烤箱擺放位置錯誤造成動線相逆

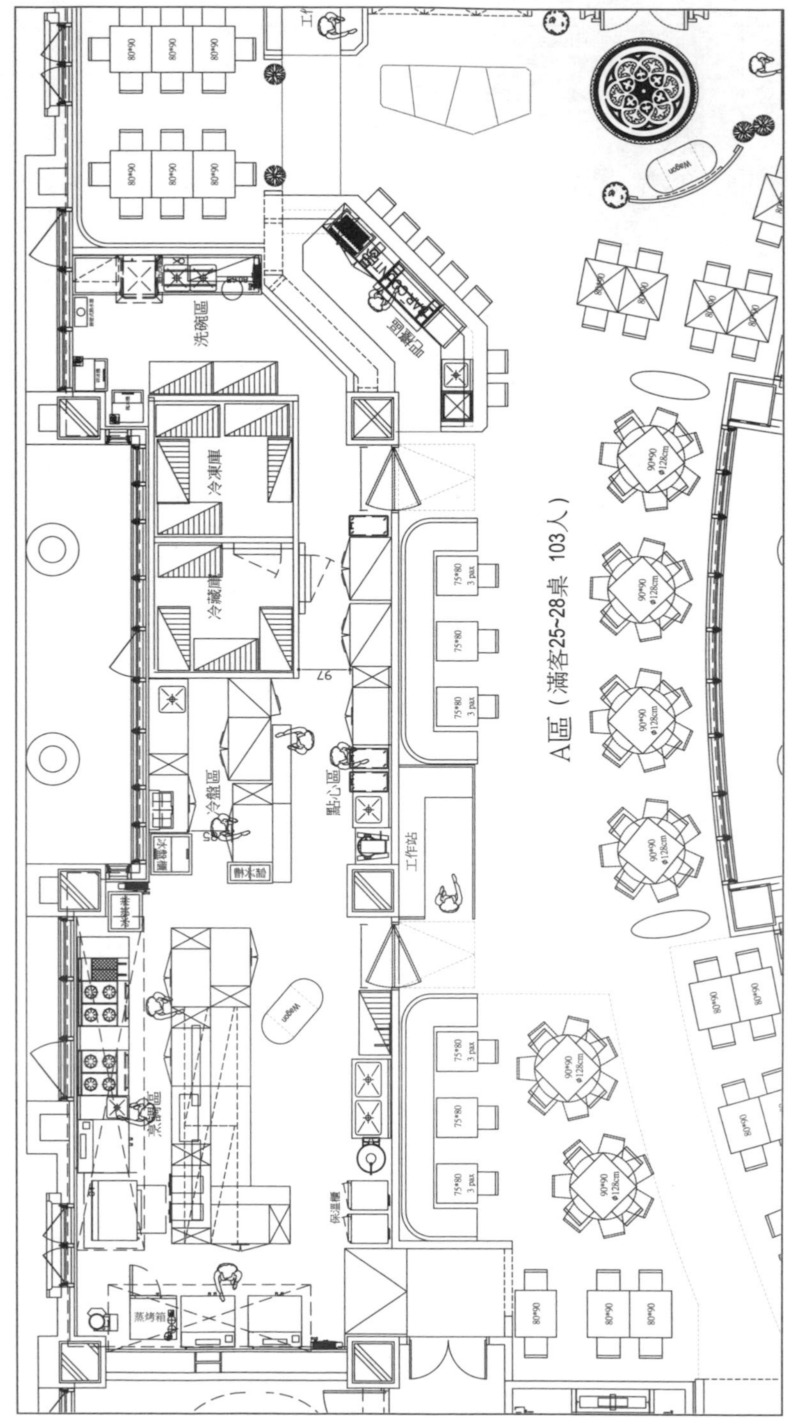

圖2-17　蒸烤箱更換位置和方向後，動線獲得改善

面的生魚片或其他的食材也是央廚製備好，現場的師傅頂多只是做切片或最後的加工、組合就可以上軌道了。所以很多迴轉壽司店的廚房根本沒有常見的廚房設備，而是以工作檯冰箱、工作檯面和洗滌設備為主。因為沒有現場烹調熱食，甚至不需要做防火區劃和抽油煙罩，算是相當清爽乾淨不油膩的廚房。

二、壽司板前專門店

時下流行的壽司板前專門店，多半是小小的日本料理餐廳，只有板前座位而沒有一般桌位。受限於握壽司師傅的產能效率，一家餐廳頂多兩台壽司檯，每台板前約有10～20個座席，因此壽司板前專門店通常是非常小規模的餐廳，多半是配置1～2組壽司檯，所以全店約20～40座位而已。

握壽司師傅站在壽司檯內，現場製作握壽司逐一放到客人面前。少數需要炙燒的食材也多半採用瓦斯噴槍或是簡易的明火烤爐。為了提供湯品也會有小小的瓦斯爐甚至是電磁爐。其他多數的設備也是以工作檯和工作檯冰箱為主，也算是非常簡易的廚房。

三、水餃鍋貼

以大家常見的連鎖水餃鍋貼品牌八方雲集或四海遊龍為例，其實最主要的設備就是熱水煮麵機用來煮水餃，以及煎板台用來煎鍋貼。這算是現場最核心的生產設備，其他的多半屬於後勤設備或附屬餐點的設備，例如冷凍冷藏冰箱、湯鍋爐，也是個相當簡易的廚房，幾乎沒有油煙產生。

四、火鍋／壽喜燒

火鍋／壽喜燒也是個很不一樣的餐飲品類廚房。這個品類著重在冷凍肉品的薄片刨切，蔬菜的清洗切製擺盤，以及冷凍或冷藏各式火鍋料。所有的火鍋店為了在用餐尖峰能夠負荷出餐的需求，早在餐期開始之前就會預先將火鍋的菜盤做大量的準備等著第一時間能夠出餐到客人面前。因此大水槽洗菜、大工作檯面切菜、做前置的擺盤準備是非常重要的廚房設計要點，並且搭配落地型冷藏冰箱把擺好的菜盤做冷藏備用。而肉品則仰賴冷凍冰箱放置各類不同部位的肉品，廚房接單後就立即取出架上切片機，進行切片和擺盤後隨即出餐。另外，落地型大湯爐熬煮火鍋用高湯也是重要設備之一。

五、燒肉

燒肉業態的出餐和火鍋有點類似，菜盤也必須事先清洗、切製、擺盤、冷藏儲存，同樣需要工作檯冰箱、檯面、水槽、冷藏冰箱。比較不同的是燒肉餐廳的肉品有些和火鍋店相同，可以利用電動切肉機來切薄片（例如五花肉），但是仍有許多肉品是需要手切或是委託肉品加工廠利用專業大型設備做好切製，像是4×7公分大小，厚度約0.3公分的肉片，或甚至呈2公分立方體的骰牛。所以如果堅持要在店內手切，則必須準備更多的冷凍／冷藏冰箱存放切製前和切製後的肉品，方便客人點餐時可以立即將事先切好的肉片取出擺盤然後出餐。

燒肉餐廳另外會有一些比較受歡迎的餐點像是石頭鍋飯、各類湯品、焗烤起司地瓜、餐後的紅豆湯或是冰淇淋，也必須在廚房建置瓦斯爐台、簡易烤箱等設備，而石頭鍋飯因為鍋子本身的直徑較小，又可能同時需要烹煮很多鍋飯，因此要另行配置多口小口徑的瓦斯爐，有點類似三媽臭臭鍋在使用的瓦斯爐具，俗稱「海產爐」。

Chapter 3

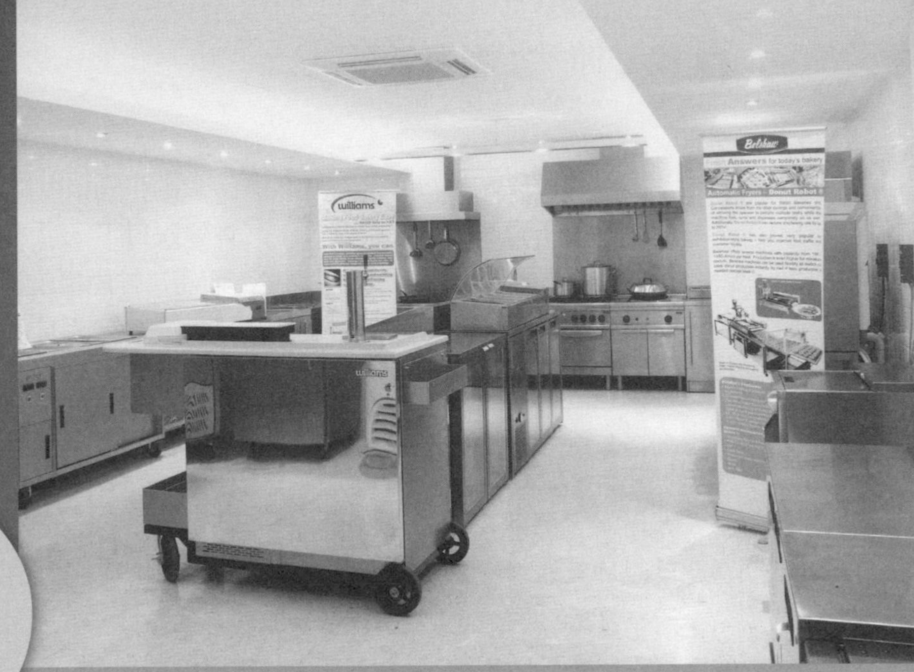

廚房施工規劃

- 第一節　空調與氣壓
- 第二節　水電瓦斯規劃
- 第三節　排水
- 第四節　採光照明
- 第五節　蟲鼠防治

第一節　空調與氣壓

多數初踏入餐飲業的業主對於餐廳的空調和氣壓瞭解很有限，不外乎冷氣要夠冷，廚房排煙要確實。這其實只說對了一半，因為冷氣要夠冷，指的是室溫要夠低，卻忽略了風量。而廚房排煙要確實簡單說就是油煙不能積在廚房內，就只是注意到了排煙量，忽略了溫度的控制。而不論內外場，則都同時忽略的就是空氣壓力。換句話說，要把餐廳的空調說清楚講明白，就是溫度、風量、氣壓這三個關鍵字，如果再仔細探討其實還要把新鮮風一起帶進來談。

在討論餐廳建構時，空調廠商和廚房的機電廠商必須合作溝通的議題就是冷氣的冷房能力以及廚房排煙設備的排煙能力。為什麼要這麼做？因為餐廳的空調與氣壓有一個大原則必須先被定下來，就是餐廳外場的氣壓必須略大於廚房和餐廳外的室外環境。

一、餐廳外場氣壓

餐廳外場的壓力大於室外，可以阻絕室外粉塵和熱空氣進入室內，保持餐廳內舒適涼爽的溫度，並且避免灰塵吹入造成餐廳環境清潔上的困擾（**圖3-1**）。各位不妨回想～當你逛街走在騎樓時，經過的很多服飾店、藥妝店其實都沒有玻璃自動門，但經過時總會感受到店內外溢的冷氣傳來的陣陣涼意。這會吸引路人想吹吹冷氣而進來走走逛逛，增加購物的機會。想想那些藥妝店貨架上擺滿各式各樣的商品，如果店內氣壓低於戶外，讓室外的粉塵吹入，那店員每天必須花多少時間清潔擦拭貨架上的商品。服裝店的衣服日積月累下來覆滿灰塵也不會有人想買吧！此外，餐廳門口設置風門，有效阻絕冷氣溢出也同時避免室外粉塵吹入餐廳，也是個好選擇。

但是氣壓規劃也有例外的時候，如果設置在百貨公司或商場的餐廳我們稱之為店中店型態。客人進到商場就已經處在舒適的冷氣環境下，空

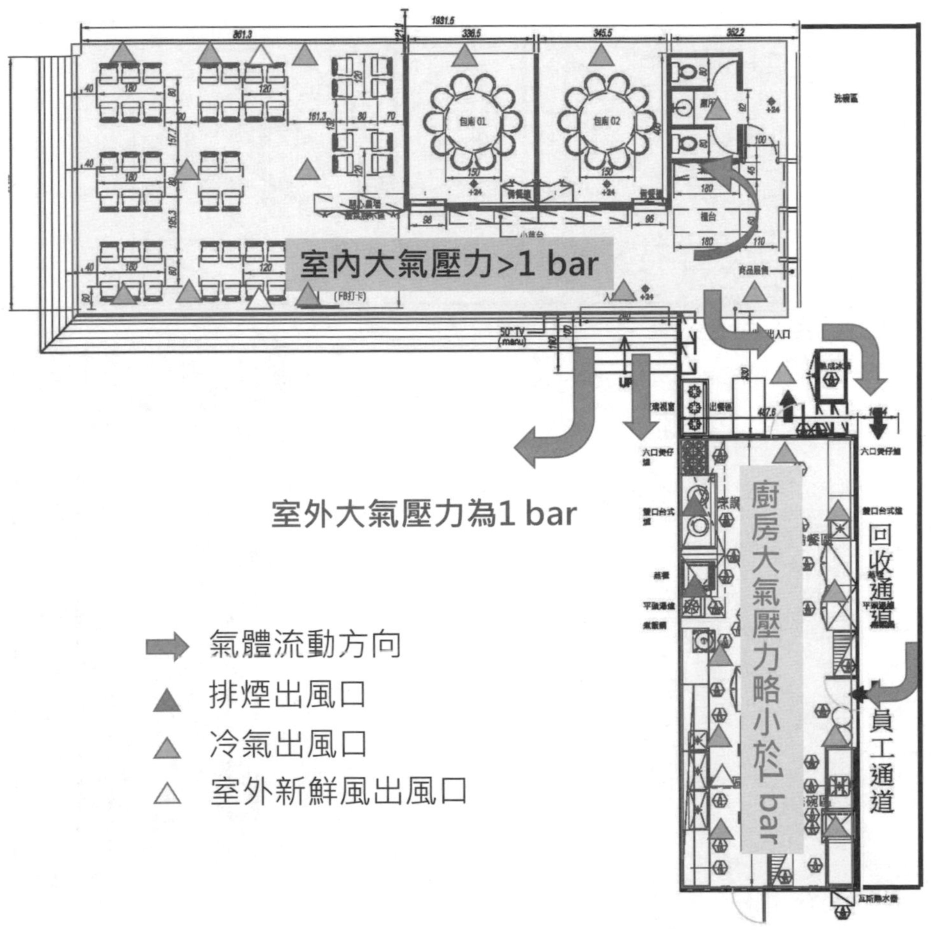

圖3-1　街邊店餐廳氣壓規劃示意圖

氣中的粉塵相對稀少，各家餐廳多半也無須再額外設置餐廳大門，以開放式型態經營。這時餐廳外場的氣壓可以規劃略小於商場呈現負壓的狀態，讓餐廳自然引進商場的冷氣，也可以節省自家冷氣的成本開銷（**圖3-2**）。

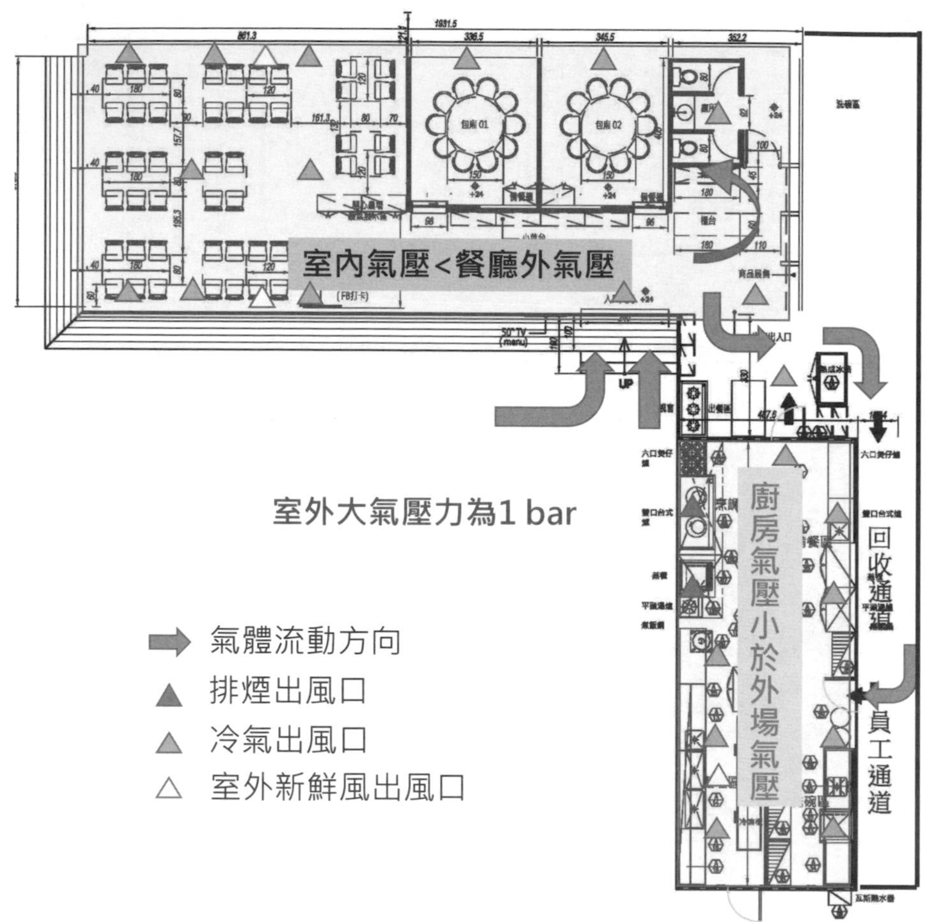

圖3-2 店中店餐廳氣壓規劃示意圖

二、餐廳廚房氣壓<餐廳外場氣壓

不論餐廳是街邊店還是店中店，廚房的氣壓都必須低於外場氣壓。因為這樣可以讓外場的空氣被引進到廚房，可以避免油煙和廚房高溫外溢到外場。廚房的油煙如果吹到外場伴隨的是油漬和味道，對整體的清潔和顧客體驗都是負面的。

廚房因為工作性質的關係，有爐火和烤箱產生的高溫、有工作人員因為忙碌產生的汗水和呼吸排出的二氧化碳，還有瓦斯燃燒不完全產生足以致命的一氧化碳，甚至因為沒確實關好瓦斯產生外漏的致命機會。這些元素輕則影響工作衛生環境，重則致命，站在勞工安全衛生的角度來看都不是好現象。因此，廚房最重要的設備除了防火、偵煙、瓦斯偵測等設備之外，就屬於排煙罩了。排煙罩通常建構在瓦斯爐、烤箱、蒸箱、洗滌區上方，除了排走油煙，也排走蒸氣和熱氣，對於室內的降溫有絕對的幫助。而一般人比較沒有想到的則是排煙罩其實也排出了人們呼吸產出的二氧化碳和燃燒不完全產生的一氧化碳。而有排氣，當然也就要有進氣，以維持廚房內固定的氣壓。這些進氣主要來自於新鮮風。

三、新鮮風

顧名思義就是餐廳從特定的風口引進室外的空氣。上述提到戶外的空氣就是帶著戶外的溫度，冬天很冷而夏天很熱，不變的是灰塵都很多。因此目的型的引進新鮮風在室內首先要做的就是過濾空氣中的粉塵，因此這些特定的風口最好能裝上過濾裝置，以免把大量的灰塵引進餐廳造成營運清潔上的困擾。那是什麼原因要引進新鮮風呢？

新鮮風代表著空氣中帶著足夠的含氧量。讀者不妨觀察汽車的空調系統都會有內循環和引進外部新鮮風的切換開關，如過長時間開車並且將空調保持內循環，容易引起車內二氧化碳濃度逐漸升高，而氧氣濃度逐漸不足。情況嚴重會導致駕駛昏睡造成意外，輕則精神不濟反應變慢，所以適時的切換或直接打開車窗讓新鮮空氣進到車內是必需的。台灣的高速公路早期每30公里都設有收費站，不論是給現金或繳回數票，駕駛人都必須打開車窗繳交過路費，而這短短幾秒鐘時間也能進行車內空氣清新的功能，但是自從有了eTag之後開窗機會也少了，駕駛人適時切換外部空氣或直接打開窗戶的觀念更是要有。汽車也都有配置冷氣濾網，目的就是在過濾空氣中的粉塵，道理和餐廳或辦公大樓新鮮風口設置濾網是相同的，都是為了有效降低空氣中的粉塵。

餐廳引進新鮮風的好處除了維持空氣中的氧氣濃度讓人長時間待在室內也不會感到不適之外，另一個好處是冬天的時候室外的空氣溫度就已經相當涼爽宜人，這時候其實可以不用開冷氣，只要引進新鮮風並且搭配室內送風循環就能有不錯的溫度和空氣品質了，還可以省下龐大的冷氣電費。

2019年底中國湖北武漢發生新冠病毒肺炎，並且在一、二個月內傳染到了世界多數國家。在台灣，所有公共場所、醫院、百貨公司、餐廳、辦公大樓都實施了對進入場所的人員進行測量體溫和酒精噴手消毒的舉措來防範感染。其實除了這些大家熟悉的舉措之外，大樓機電人員也可以在這段時間做更頻繁的新鮮風換氣，或是維持調高新鮮風的進氣比例，來增加室內空氣流通循環，以減少感染風險。

四、溫度

溫度直接影響到人的體感，涼爽合宜的溫度讓客人用餐感到舒服，服務人員工作起來也比較舒爽不躁鬱。近年來，政府為了推行節能減碳，都會要求百貨公司、電影院、餐廳等公共場所維持在25℃。其實冷空氣除了直接影響人的體感舒適度，也有效控制了空氣中的溼度，換句話說，冷氣也帶有除溼的功能。

而餐廳廚房在冷氣議題上要考慮的其實是冷房能力，冷房能力愈強愈能有效抑制廚房爐灶烤箱等設備產生的高溫。因此，降低廚房高溫的兩個重要設備，除了排煙設備，就是冷房能力了。這有賴空調廠商仔細計算廚房的排煙量、新鮮風的進氣量（多半設置新鮮風進氣可以調整風量），以及外場流入廚房的冷氣量，進而算出廚房需要多少的冷氣出風量。

想要有效維持廚房的室內溫度，除了冷房能力計算妥當之外，另外要仔細規劃的就是冷氣出風口的位置。前述提到排煙罩多半設置於廚房熱源產生的地方，例如烤箱、瓦斯爐口、洗滌設備的上方，為的就是有效率的排出熱空氣，因此冷氣出風口應稍稍避開排煙罩旁邊，以免冷氣一吹出就被排煙罩吸走。

而冷氣除了給人吹也給設備吹，只要抓住這個原則，冷氣出風口的位置就不會太離譜。舉例來說，人員工作的區站上方都是可以考慮設置出風口的地方，而人對於冷氣最有感覺的位置就是頸部和背部，因此冷氣出風口以設置在工作人員的後上方為宜。

而冷氣給設備吹，指的是容易產生熱源而且必須被散熱的設備，例如各式冰箱、冰沙機、製冰機這些長時間運轉的設備又都普遍帶有壓縮馬達，並且在設計上有散熱鰭片以提高散熱效果和運轉效率，如果能適當的在這些設備的進氣口給予合適的風量或至少不堵塞進氣和散熱位置，對於設備的壽命、運轉的效率和節電都有幫助。

第二節　水電瓦斯規劃

關於廚房內水電瓦斯的規劃，其實說穿了對於餐廳業主來說能夠參與的實在有限，畢竟水電有水電的專業而且事關安全和廚房的運作能否順利有直接關係。少了能源少了水源，廚房的生產力幾乎歸零。因此，這節裡我們只簡單討論一些大原則，而不討論施作的細節。

一、「水下電上」原則

建議廚房在配置管線的時候能夠採「水下電上」的原則來施工配線。「水下」的意思就是將供水和排水管都埋設在地板下。排水相對簡單多半設置於水槽下和地板表面的排水孔或排水溝，這些排水匯集到主幹管後再接到管道間匯入整棟建物的排水系統裡。而給水系統則會經由地面排設的管線行進到牆壁後，同樣透過埋在牆面裡的水管直到出水口的位置再穿出牆面並裝配水龍頭。因此，如果水管因為施工品質、地震等各種原因造成漏水情況時，至少可以確保水往下流的物理原則，讓受潮的牆面不至於高過水龍頭的出水高度（**圖3-3**、**圖3-4**）。

而「電上」的原則就是將廚房內的電源管線（包含弱電設施如電話、網路線）都採高架施作，並可透過管線溝槽將線路被梳理整齊，讓電器管線都在天花板上行進直到目的地後，再垂直沿著牆壁埋在壁面往下行進到達出口位置再裝設插座或直接連接於設備上（**圖3-5**～**圖3-7**）。

圖3-3　廚房於施工前就先預埋各項設備排水管做日後銜接

圖3-4　廚房為了排水所需的位能，會將地板墊高灌漿

圖3-5　天花板封板前先將各種電源線先行配置完成

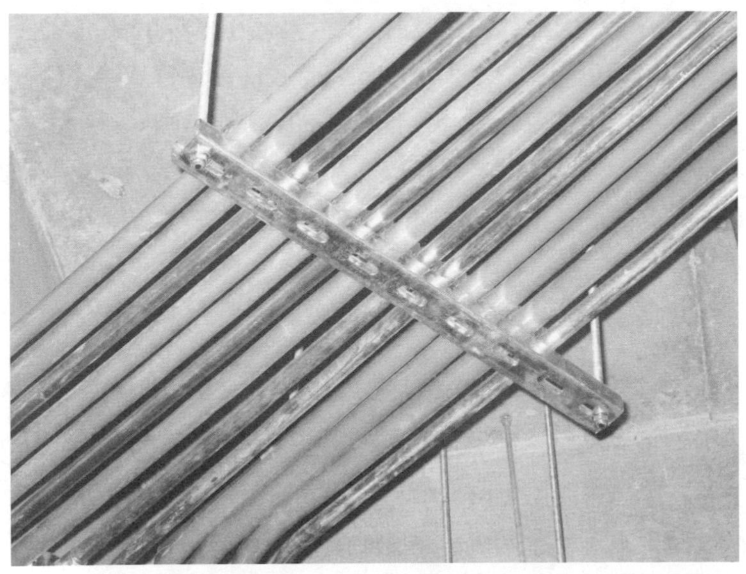

圖3-6　管線槽可以讓所有電線井然有序排列方便日後維修查線

圖3-7　所有電源線都是經由天花板到達指定位置後，埋置於牆面垂直往下，等待日後設備進場後做對接

此時，只要保持電器插座出口位置恆高於出水口的高度，就可以完全隔絕水電交錯產生的電線走火風險。有時候就算沒有直接接觸，如果長期讓滲水點靠近電源線就容易導致受潮進而引發迴路頻繁跳脫，對機器設備也是一種傷害。唯有遵照「水下電上」原則，確實將水氣有效隔離於電器線路附近，就能避免這類情況發生（**圖3-8**）

二、熱水供應

廚房許多設備會搭配熱水使用，例如洗碗設備。這些設備多半在內部就已經建構進水加熱系統（**圖3-9**），但是這些設備多屬於電器設備使用電力來進行加熱，效率上自然不如瓦斯加熱來得快。因此，如果能在這類設備的進水水源上就賦予廚房鍋爐所產生的熱水，就能有效降低洗碗機加熱設備的負擔，以延長使用壽命。

廚房除了洗碗設備、隔水加熱保溫設備會用到熱水之外，建議水

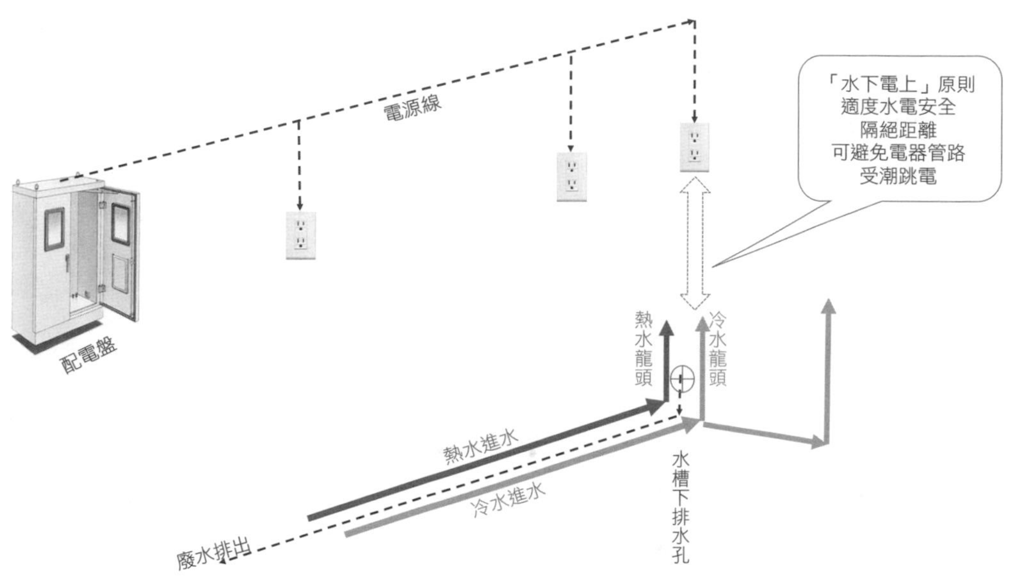

圖3-8　水電安全距離示意圖

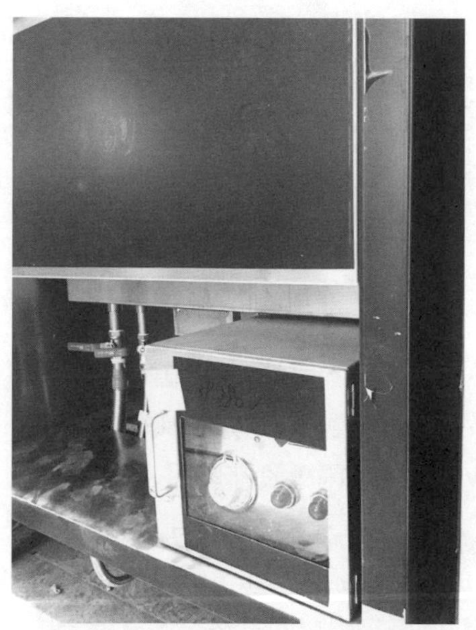

圖3-9　設備附掛進水加熱設備

槽上方的水龍頭也都能一律配置冷熱水龍頭，不論是在水槽內洗手、洗鍋，甚至餐廳打烊時接管沖洗地板都能因為使用熱水而提升洗滌效果。因此，廚房配置一個容量夠的瓦斯鍋爐來燒煮熱水是必需的。裝設此類設備鍋爐內熱水容量多寡取決於鍋爐的體積和廚房的空間，另外也必須留意鍋爐上方必須建構排煙設備，避免燃燒不完全產生一氧化碳積在廚房內引發危險。

三、水源品質控管

廚房內因為多處用水是拿來煮水、煮湯作為食物調理之用，因此建議配置淨水設備並且有獨立的管線通往需要的位置，方便廚師隨時能夠取得生飲水做烹飪使用。現在各式淨水設備琳瑯滿目，三道式、五道式濾芯、RO逆滲透純水、電解水設備，端看餐廳所需選擇建構。

而台灣南部地區普遍使用地下水，因礦物質較高水質較硬（因含豐富鈣鎂離子），如果未經過軟水系統先行軟化水質，高溫烹煮後易產生白色石灰質，影響口感更影響賣相，長久下來熱水管線、熱水龍頭、甚至鍋具都會形成厚厚的水垢，讓管徑變小也影響了加熱效率，不可不慎。軟水系統保養簡單，只要定期倒入鹽巴讓軟水器內的樹脂微粒經由氯化鈉重新活化其離子交換的能力，即能常保軟化硬水的能力。

四、電壓及安培數規劃

因應多數廚房電力設備都需要較高電壓和電流的需求，多數設備指定220V，因此很多餐廳廚房會規劃導入380伏特電壓，再經由自設的變電箱轉為220V和110V的電壓以因應設備使用。

每個設備除了電壓需求，也會指定所需的電流。高電壓高電流需求的設備通常不外乎加熱的設備，例如電烤箱、蒸氣烤箱、洗碗設備。而冷藏設備對於電壓電流的需求相較於電熱設備就低一些。不管各個設備對電壓和電流的需求為何，最重要的是在廚房規劃之初，儘早將所需的設備規

格（能源需求）和預計擺放的位置先確認下來，才能讓施工初期就預先規劃好總能源的需求，並且在機電廠商施工時預先把這些能源需求的線路拉到所需要的位置。

此外，獨立迴路或分區迴路的概念也是很重要的。對於耗電量大的設備，廠商多半會配與專屬的迴路，讓這個設備有專屬的電源不和其他設備共享，以確保供電的穩定性和穩壓性，才能讓營運順暢並且對機器設備也比較不會因為電壓電流不穩而損壞。而配電盤上的迴路在經年累月的使用後，其所能乘載的電流會逐漸衰減，因此在裝配之初就應該把迴路預留衰減空間。例如需求20安培的設備可以配置25安培的迴路，一般而言大概多出20%左右會比較合適。專業的機電廠商都會有如此的做法以兼顧用電安全和設備穩定性，每個電氣迴路上都會清楚載明其安培數作為辨識參考（**圖3-10**）。

五、插頭位置

看似簡單普通的插頭在廚房裡也扮演著很重要的協助角色，畢竟廚房裡還是有很多桌上型小設備不見得被放置在固定的位置上，甚至是收納在特定的地方直到有需要使用再拿出來。常見的桌上設備如攪拌機、食物處理機、研磨機或是手持式的攪拌機。因此在可能操作這些桌上設備的地

圖3-10　配電盤迴路

圖3-11　三孔式插座

方就近配置插座是絕對必需的。廚房的牆面插座多半分為110和220伏特，並且採用三孔式插座設計（**圖3-11**），這看似不起眼的第三孔為接地作用，將漏電的電流透過第三孔的接地線導引到大地以提升人員安全性，也避免突波影響設備壽命。為了讓人員有效清楚區隔壁面插座的電壓，通常會將220伏特高電壓的插座面板用紅色或其他明顯顏色做區隔。插座設計的位置也應避開水槽附近因為噴濺造成可能的危險或短路。壁面插座的高度則建議在110～120公分左右，也就是在檯面上高度約30～40公分位置，既能兼顧桌上設備電源線可及的距離，也比較能讓電源線向上拉直不會因為插座過低過近造成電源線盤據在工作檯面上。插座後端的電源線則如前述「水下電上」原則，埋設於牆面裡一路回溯到配電盤，或至少以金屬管包覆電線後固定於牆面上，採明管設計方式施工。有些設備雖採固定位置擺放，但仍採用插座方式接電，則可以在設計規劃之初就在設備附近配置好其專屬的插座因應使用，例如微波爐、POS印表機。

六、固定設備接電

廚房裡多數的電器設備屬於大型落地型設計，例如工作檯冰箱、電烤箱、紅外線電熱爐、電熱油炸爐、電熱煮麵機、舒肥機。這些設備多屬長時間運轉使用並且耗電量大。除了在規劃之初就預留所需管線，也建議

採直接接線方式供電，省卻插座設計以確保設備用電安全。這種直接接電方式因為多為高壓電且高電流，電源線設計也相對要求較高，採粗銅芯為導電介質且配有接地線導回漏電，提升安全性。

七、瓦斯壓力與遮斷閥

(一)瓦斯來源

餐廳規劃之初，業主必須就設備的能源做決定。多數的情況下採瓦斯作為首選能源考量，畢竟以火力燃燒的效能比電力加熱來得更快。然而，近幾年來專業商用的電熱廚具在技術上和效能上也愈來愈成熟，連採購設備的價格也已經愈來愈接近（早年電熱設備會比瓦斯設備價格高出許多）。再者，有些區域如內湖軟體園區、高樓層餐廳（如台北101）等建築或區域，礙於消防法、地震考量、分區用途規範，這些區域在市政府開發初期不見得會規劃瓦斯幹管或僅限於低樓層配置瓦斯幹管，此時電力廚具設備就必須被派上用場。

有瓦斯幹管的區域也不見得就一定能夠提供足夠的瓦斯壓力來供應餐廳營運需求，端看瓦斯公司在此區瓦斯的規劃，有些老社區幹管較小，屬於早年埋設，如果在這邊開餐廳很可能就會面臨瓦斯壓力不足的情況。餐廳如果願意投資，可以自費後請瓦斯公司做重新的配管以解決瓦斯不足的問題。另外的解套方式就是採用電器廚具設備！

除了大都會首善之都會有自來瓦斯公司搭配市區埋設瓦斯幹管來供應商業、民生瓦斯使用之外，台灣多數的二、三級城市鄉鎮以及大都市的偏遠角落或老社區，仍維持早年採用桶裝瓦斯作為能源使用，例如新北市烏來、貓空等地。餐廳在這些區域經營或是夜市、流動攤販等微型餐飲企業，也只能靠桶裝瓦斯來作為唯一能源考量。在台灣，一般家庭如果使用瓦斯桶作為瓦斯來源，多採用20KG規格瓦斯桶為大宗，端看家庭三餐烹煮的頻率以及是否以瓦斯作為洗澡熱水器的能源。三餐烹煮較少或以電熱水器作為浴室熱水能源的家庭，則可以選擇16KG或10KG規格瓦斯桶。而坊間家庭常用的泡茶桌附屬的瓦斯爐則多半配置5KG的瓦斯桶放置在桌面下。但對餐飲業來說，則多數採用最大的50KG規格以符合需求，甚至一次將四桶50KG瓦斯桶透過瓦斯管將其並聯使用，以減少頻繁換瓦斯桶的困擾。採用瓦斯桶的餐廳為了避免瓦斯耗盡斷炊，都會額外再準備一組瓦斯桶作為備用。

(二)瓦斯表

民間瓦斯行供應的瓦斯桶最被詬病的就是偷斤減兩重量不足，甚至有不肖業者在瓦斯鋼瓶內放置其他物品以增加重量節省成本，造成商家損失和營運的不便性。為了避免吃虧，有些瓦斯行會為了取信餐廳而協助裝設瓦斯桶專用的計表度數，讓雙方以度數計價，而不以瓦斯每桶計價，較具客觀公平性，不失為一個好選擇。配置幹管的自來瓦斯則全面採用度數計價，既客觀也容易隨時讀取使用量（**圖3-12**）。

圖3-12　瓦斯表及手動瓦斯閥

(三)瓦斯遮斷閥

顧名思義就是將瓦斯關閉的開關，傳統手動的瓦斯遮斷閥可以是如水龍頭般的旋轉或是採用把手方式做90度的旋轉，作為瓦斯開關控制（如**圖3-12**左下黃色把手）。這種手動式瓦斯遮斷閥可以同時安裝在瓦斯表管線前端與後端，方便餐廳做相關設備維修保養時切斷瓦斯使用。當然，廚房內瓦斯管也可以依照區域分配有更多支管產生，每個支管前或是區域前都可以再設瓦斯遮斷閥，做區域性瓦斯開關控制。有些餐廳例如燒肉店、火鍋店每個餐桌都有配置瓦斯的型態，分區瓦斯閥的概念同樣可以在外場施作。

另一種瓦斯遮斷閥則屬於主動性安全裝置。當廚房設備發現瓦斯燃燒不全甚至爐火意外熄滅時，瓦斯遮斷閥都會自動啟動將全區瓦斯自動關閉，以避免意外發生。這種情況下，必須先將瓦斯跳脫的設備狀況排除後，重新復歸自動瓦斯遮斷閥，才能恢復運作。現行的消防法令對於餐廳多半有這樣的設備要求，利己利人避免造成無可挽回的悲劇（**圖3-13**）。

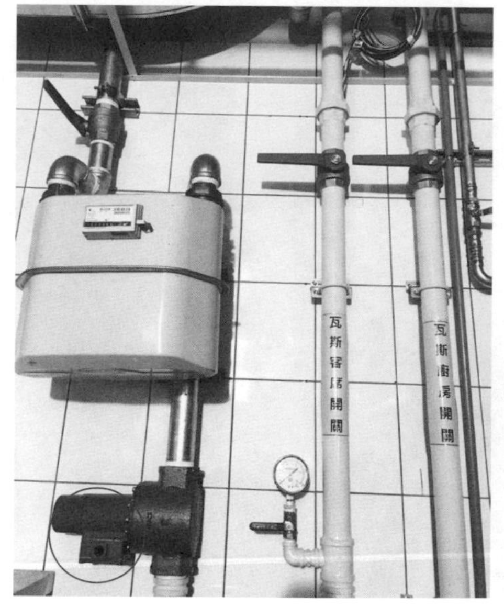

圖3-13　主動式瓦斯遮斷閥

第三節　排水

廚房地板因為沖刷頻繁的緣故，對於壁面的防水措施和地面排水都要有審慎的規劃。一般來說，壁面的防水措施應以達30公分為宜。如此可避免因為長期的水分滲透，導致壁面潮濕或是樓面地板滲水等問題。廚房的地面水平在鋪設時就應考量到良好的排水性，通常往排水口或排水溝傾斜弧度約在1%（每100公分長度傾斜1公分），而排水溝的設置距離牆壁須達3公尺，水溝與水溝間的間距為6公尺。因應設備的位置需求，排水溝位置若需調整，須注意其地板坡度的修正，勿因而導致排水不順暢。設備本身下方則通常有可調整水平的旋鈕以因應地板傾斜的問題，讓設備仍能保持水平。因此，廚房工程起始於地板的基礎防水工程，進而進行水溝放置並調整好水平高度，維持上述的坡度讓水流能往低處流到截油槽，然後進行廚房地板灌漿墊高的工程，並且讓墊高後的地板維持應有的坡度，以提升地板的排水性和自然乾燥的速度（**圖3-14**、**圖3-15**）。

圖3-14　排水溝定位後調整坡度

圖3-15　地板灌漿鋪磚完成且排水溝放置溝蓋

排水溝的寬度須達20公分以上，深度需要15公分以上，排水溝底部的坡度應在2～4%。而為了便利清潔排水溝，防止細小殘渣附著殘留，水溝必須以不鏽鋼板材質一體成型的方式製作，並且讓底板與側板間的折角呈現一個半徑5公分的圓弧（**圖3-16**）。

同時，排水溝的設計應盡量避免過度彎曲以免影響水流順暢度，排水口應設置防止蟲媒、老鼠的侵入，以及食品菜渣流出的設施，例如濾網。排水溝末端須設置油脂截油槽，具有三段式過濾油脂及廢水的處理功能，並要有防止逆流設備。一般而言，排水溝的設計多採開放式朝天溝，並搭配有溝蓋，避免物品掉落溝中。

也些餐廳礙於預算或實際需求不大，並且為了節省工程預算，會捨棄排水溝設置，僅以排水孔作為排水的主要設施。如要採用這種設計，則應該考量廚房排水量設置數量足夠的排水因應，以免積水不散，甚至產生淤積情況。排水孔的另一個缺點是因為管徑有限且垂直坡度通常不大，瞬間的大量排水極易造成洩水不及而從另外其他區域的排水孔溢滿出來，造

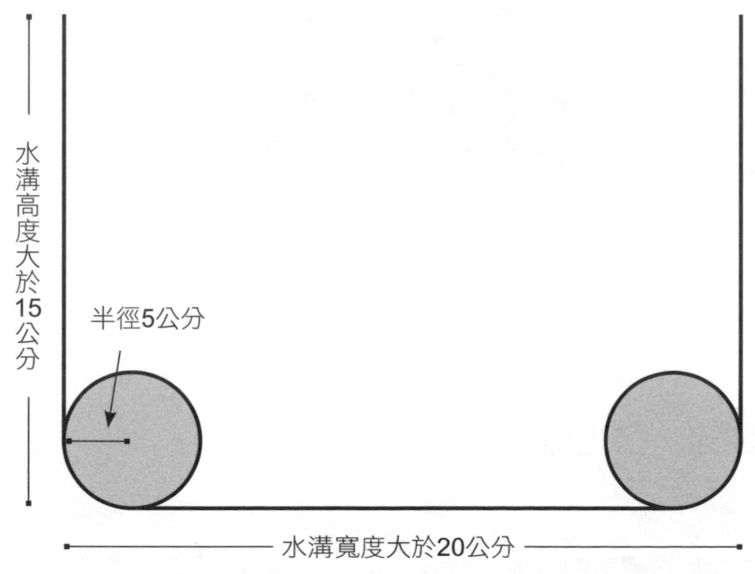

圖3-16　廚房排水溝規格示意圖

成其他區域的困擾。設計排水孔時，也應比照水槽下方的排水管盡可能設置封水彎，保持管內留有一定量的積水可以避免蟲鼠逆流而上進到廚房來（**圖3-17**）。排水孔上方的螺絲也應定期卸下打開孔蓋做內部第二層濾網的清潔，以避免排水堵塞（**圖3-18**）。

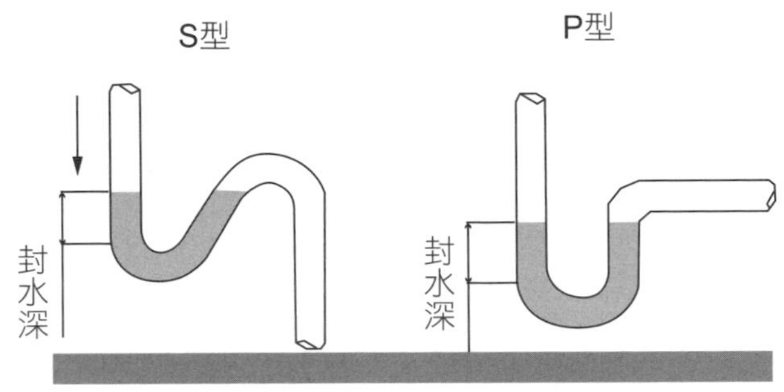

圖3-17　封水彎

圖3-18　排水孔

第四節　採光照明

廚房是食物製備的場所，需有明淨、光亮的環境，才能將食物做最佳的呈現。規劃照明設備時，需考量整體的照明及演色效果。光源的顏色

（即燈具的色溫）、照明方向、亮度及穩定性，都必須確保工作人員可以清楚的看見食物中有無其他異物混入，以保障用餐客人的飲食安全。足夠的照明設備方能提供足夠的亮度。依據我國「食品良好衛生規範準則」（Good Hygiene Practice, GHP）規定：「光線應達到一百米燭光以上，工作檯面或調理檯面應保持二百米燭光以上；使用之光源應不致於改變食品之顏色；照明設備應保持清潔，以避免汙染食品。」

此外，也建議燈具採用有燈罩的款式，避免油煙汙漬附著殘留且不易清除，這些汙漬油煙除了影響照明效果之外，對於燈具的散熱也產生影響。而熱食烹飪區上方油煙罩內的燈具，也應考慮搭配防爆燈罩，以保護人員及食物的安全（**圖3-19**）

圖3-19　防爆燈罩

第五節　蟲鼠防治

蟲鼠問題可說是餐廳最頭痛的問題，想要完全避免幾乎是不可能的任務，只能夠每日落實清潔刷洗和每月定期委請專業環保消毒公司進行消毒防治，使問題降到最低。電影《料理鼠王》以詼諧逗趣的手法闡述小老鼠在餐廳的歷險記，間接隱喻了連身處法國巴黎的高級餐廳也難逃鼠患肆虐。

餐廳業者在簽約之前不妨順道在附近走動，觀察是否有許多餐飲店家、路邊攤、市場、食品加工廠等業態，如果有也須順道觀察大家的清潔衛生習慣是否良好、周遭環境是否還算清潔，這對於日後餐廳蟲鼠問題的防治不無影響。當然，協調設計師和包商在餐廳工程規劃時將蟲鼠防患的問題考慮在內，如有木作工程也應確實做好金屬封板的動作，避免造成許多隱蔽空間，而管線也必須以塑膠或金屬管包覆，避免日後蟲鼠破壞。

Chapter 4

廚房設備

第一節　廚房設備挑選的因素

第二節　設備說明

第一節　廚房設備挑選的因素

在這個階段所必須注意的細節相當的繁瑣，畢竟廚房是一家餐廳的生產重心。廚房內舉凡動線規劃、設備挑選及擺放位置、空氣品質、照明、溫濕度控制、衛生控管等等都關係著整體的生產品質和效率。而廚房設備的挑選則有以下幾個因素：

一、餐廳型態

餐廳的型態可分為工廠、學校或軍隊的大型團膳餐廳、自助式餐廳、一般餐廳、簡餐咖啡廳、速食店、便當店等各種營業型態。不同的營業型態除了直接關係著用餐人數的多寡外，也會因為營運型態的不同而有不同的設備採購考量。例如大型團膳餐廳著重各種設備的生產量，除了能夠同時製備大型團體用餐所需的份量之外，能源及設備效率的考量也不能忽略。而一般的簡餐餐廳可能因為多屬於半成品餐點，例如引進調理包讓現場人員只做加熱或最後的烹飪動作，因此採購的設備也多屬於小型且功能簡單的烹飪設備。

二、餐點型態

餐點除了可概分中式、日式、西式等餐點外，也可能因為菜單上的產品組合有所不同，在採購廚房設備時就會考量到將來的功能性是否能滿足需求，或是設備未來的擴充性。像現在坊間多數的便當店都習慣將雞腿飯、排骨飯、魚排飯等熱賣商品，以油炸的方式來烹調雞腿和排骨，於是在油炸爐的選擇上就必須更加謹慎，以免因為產能不足或故障頻繁而影響營運。

三、能源考量

設備的能源主要為電力及瓦斯兩種，並且各有其好處和缺點。坊間各種廚具生產多半同時設計電力系統或瓦斯系統，供餐廳業者選擇。

(一)電力系統

1.優點：乾淨、安全，無燃燒不完全的疑慮，能源取得容易。

2.缺點：加熱效率較不如瓦斯火力，電費較昂貴，且容易因颱風、地震，或鄰近區域的各種因素造成斷電或跳電，而影響廚房生產；此外，電線亦容易遭蟲鼠噬咬破壞，或者因線路受潮，頻頻發生跳電。

(二)瓦斯系統

1.優點：便宜，加熱效率高。

2.缺點：容易造成燃燒不完全所引起的安全疑慮。有些地區無瓦斯管線配置，需採購瓦斯鋼瓶，容易造成瓦斯能源中斷，及更換瓦斯鋼瓶的麻煩。

(三)空間考量

大部分的廚具尺寸在設計時雖會盡可能縮小（多半是在寬度上縮小，因為高度和深度仍必須符合人體工學的舒適度），但尺寸間接影響著設備的生產效能。例如冷凍冷藏設備的尺寸當然直接影響內部存放空間，爐具也可能因為尺寸的不同，而有二、四、六口的規劃，所以在選購時要兼顧空間和製作量的需求，才不會浪費空間，或造成生產效率過低與閒置的情況發生。

(四)耐用性及維修難易度

耐用性可說是所有採購者和使用者最關心的一件事。頻繁的故障或過短的設備壽命，除了花錢之外，也徒增許多困擾。因此，在可接受的預算下採購品質信譽良好的品牌是必須的，而後續維修及零件取得的效率也是重要的考量。現今因為廠商競爭加上整體經濟環境不佳，有許多廠商往往因為業績不佳而歇業，造成後續維修求助無門的窘境；廠商對於材料庫存量不斷壓低也影響維修的效率，這些都是在採購時值得預先瞭解的地方。

(五)安全性

安全性的確保有兩個重要的關鍵因素，一是設備設計上的安全措施，這是在採購時要留意的項目之一，也是廠商設計開發時很重要的一個課題；另外一個關鍵因素則有賴餐廳業者透過持續性嚴謹的教育訓練，來避免意外發生。

以瓦斯能源的設備來說，多半會有瓦斯滲漏的偵測器。一旦發現瓦斯燃燒不全或外洩則會自動關閉設備及瓦斯開關，直到狀況排除為止。又如食物攪拌機，為避免操作人員手尚未完全離開機器就開始運作，造成傷害，也多半有安全設計，例如加蓋後並且放上電磁開關，才能安全啟動，此已完全杜絕意外發生。

教育訓練的確實執行也是重要的一環。對於較複雜或危險性較高的設備，可指定少數經過完整訓練的專人或主管才能操作，以避免憾事發生。

(六)零件後續供應

要想避免將來零件供應中斷，造成設備無法繼續沿用的最有效方法，莫過於購買市場占有率較高的知名品牌。只要市占率高，設備供應廠商的營運自然較為穩健，能夠永續經營的機率相對較高。即使將來不幸廠商結束代理，這些知名的設備品牌也較容易再找到新的代理廠商，讓後續的維修服務及零件供應能夠不受影響。再者，就像汽車零件或各式套件一樣，愈是暢銷的品牌愈容易在市場上發現副廠的零件。選用副廠的零件雖然保障較不如原廠來得穩當，但是通常品質上也還能有一定水準，並且在價格上有很好的競爭力。

(七)衛生性

要能確保食品在製作烹飪的過程中保持不被汙染，除了工作人員確實的勤於洗手、穿著符合規定的制服、廚帽、口罩等，烹飪設備的清潔維護也是很重要的一環。因此，在選擇各項廚房設備時除了要考慮設備的功率、效率、功能，甚至外型等各項因素之外，還須考慮表面的抗菌性。現在很多設備的表面鋼材都已經選用#304食用等級不鏽鋼並且搭配奈米抗菌處理，設備外觀設計是否沒有死角，方便擦拭消毒，內部角落是否易於清洗，不致藏汙納垢等，也是非常重要的考慮因素（**圖4-1**）。此外，重要的核心零件是否防水，或是否有經過適度的保護，讓機器容易沖刷也是考量的因素。

綜上所述，餐廳在進行空間規劃時，除了把議定的廚房空間預留出來之外，很重要的幾個工程界面的問題也必須一併探討，尤其是管線的預留規劃。無論是瓦斯、電源、水源、網路線（餐廳POS系統使用）、消防灑水等多種的管線，都必須在廚房做配置，這些管線多少也會和外場有所連結，因此事先的細部討論就顯得相當的重要，如：

1.用電量，包含了千瓦數、安培數、迴路的數量、電壓的大小

圖4-1　瓦斯爐平台收口

（110V、220V、380V）。

2.瓦斯管的口徑和壓力。

3.水管的口徑和壓力、冷熱水及生飲水的供應。

4.消防灑水頭的數量和消防區畫。

5.網路線的走向應遠離微波爐，避免電磁波的干擾。

上述這五項主要是數量與供應能力，當然配置的位置也相當的重要。這些端賴和設備廠商間的協調，甚至進行現場的放樣，以確保所有的瓦斯管、電源、水源等都能被配置在所需設備的就近地方，並且能夠遠離地面，方便日後廚房的清潔。如果這些管線未能經過事先的放樣就隨意設置，很可能造成日後管線距離設備過遠，而另須配置延長管線，徒增困擾與危險性。

第二節　設備說明

一、炭烤爐台

炭烤爐為西式餐廳及牛排館的必要配備，主要的功能是將各式肉類（例如牛、羊、雞排），甚至魚排等海鮮及蔬菜（瓜類或彩椒），以炭烤的方式烹煮。

圖4-2　炭烤爐台

炭烤爐上最容易辨識的就是表面上一根根的鑄鐵。有些設備的條狀鑄鐵甚至還有粗細之分，作為炭烤海鮮和牛排的使用。**圖4-2**中的炭烤爐則是可以透過下方的調整桿去調整炭烤架的斜角度，用以掌握食物和火的距離，形成高低溫區，方便食物的炭烤使用。

二、下拉門式烤箱、六口爐下烤箱（圖4-3、圖4-4）

這兩款烤箱的共同特性是都採用下拉式烤箱門的設計，唯一的不同是六口爐下烤箱是因應多數廚師的使用習慣所以成為一體成型的設計，烤箱和上方的六口瓦斯爐無法拆開使用。而下拉門式烤箱則是維持原始獨立設計的精神，將烤箱上方作為全平面的設計，既可以作同款烤箱的堆疊，也可以在烤箱上方擺上桌上型的瓦斯爐後就成為可拆卸設計的六口爐下烤箱。當然，如果不擺瓦斯爐也可以是煎板台或炭烤台，使用上的彈性稍微大一些。烤箱上方不論是擺設六口瓦斯爐、煎板台或炭烤台，都能呼應廚師的使用習慣。例如在上方的瓦斯爐上用煎鍋將牛排或其他肉類外表煎熟後，或利用炭烤烙痕後，或利用煎台將食物表面煎熟封住肉汁後，就直接打開下方的烤箱，連肉帶鍋的一起送進烤箱將肉烤到需要的程度再取出。就工作動線上是最恰當不過了！在選購這類熱灶下方烤箱時要注意到幾個要素：

圖4-3　下拉門式烤箱

圖4-4　六口爐下烤箱

1.可以選購有透明玻璃視窗的烤箱並附有內部照明，方便從烤箱外觀察不需要頻繁開關烤箱門。

2.烤箱的腳可以進行微調，以適應廚房地板為方便排水而設計的坡度。讓烤箱既可穩固又可以維持上方檯面水平才能架上瓦斯爐等設備。

3.內部底板與壁面無死角方便清潔，並且容易排出水分；下方最好配備有接油盤，方便清洗。

4.烤箱門的鉸鏈必須強固，當烤箱門打開放平和烤箱底盤在一平面時，可以將食物或烤盆直接擺放在門板上再順勢推入，較不會發生燙傷的意外事故。因此，烤箱門的承重度就顯得非常重要，通常要有200磅重的安全承重度。

至於瓦斯爐本身也是廚房裡不可或缺的廚具設備之一，利用傳統最簡單的直火方式為爐上的鍋具作加熱。因此，瓦斯爐火的燃燒效率就幾乎可以說是瓦斯爐優劣的重要關鍵。除了原廠瓦斯孔的設計、排列、數量和瓦斯壓力直接影響火焰的品質外，定期委託廠商進行瓦斯和空氣的比例調校更是關鍵，完整呈現藍色的火焰而且不飄逸才能呈現完美的加熱效率，也避免因為燃燒不完全產生過多的一氧化碳，造成工作環境的危險性（**圖4-5**）。 而瓦斯爐頭採銅質爐心搭配外圍的鑄鐵爐架才能耐用好清理，也是業界普遍的好選擇！（**圖4-6**）

圖4-5　瓦斯爐頭藍火焰

圖4-6 瓦斯爐頭

三、平板爐（圖4-7）

圖4-7　平板爐

全平板設計的爐具方便作類似鐵板燒的使用，不論是煎肉類、海鮮、培根、蛋都相當的方便。爐板下方藉由若干排的瓦斯管及瓦斯孔的設計，作為多種溫區的交替使用。爐板本身的材質多半採用不銹鋼材，厚度愈厚成本造價自然相對愈高，點火後溫度上升稍慢，但是一旦到達所需的烹飪溫度後就可以轉小火，藉由鐵板本身優良的聚熱能力，持續加熱烹煮食物，相當的好用。平板爐有時候會因為面積過大而有一塊以上的鋼板作拼接，對於一般的煎煮食物並無影響，可以直接讓食物在鋼板上煎煮，也可以透過平底鍋把鐵板當瓦斯爐使用。通常平板爐都會搭配油溝，將多餘的油水導入油溝，並最終進到預先擺設好的小容器作承接。

四、旋風烤箱（圖4-8）

圖4-8　旋風烤箱

一般烤箱與旋風烤箱最大的功能差異就在於旋風烤箱內部建置有風扇，藉由風扇的轉動讓烤箱內產生具體明顯的氣流，用以讓烤箱內的每個角落呈現相同均勻的溫度。因此打開烤箱門後可以明顯看見烤箱內部有一個甚至一個以上的旋風葉片，以創造出熱氣體對流的效果，通常也會配置箱內的照明燈方便廚師可以透過烤箱的透明玻璃和內部的照明燈，隨時觀察食物烘烤的進度和情況（圖4-9、圖4-10）。這和一般烤箱採用

圖4-9　旋風烤箱內部構造

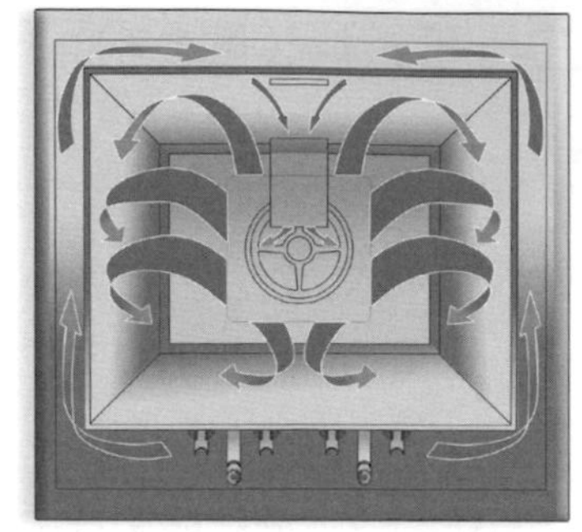

圖4-10　旋風烤箱氣流示意圖

上下火的不同溫度設計有明顯的不同，上下火溫度不同的烤箱多半使用於烘焙類，藉由底火的高溫讓烘焙品產生更好的膨脹效果。尤其在烘焙品受熱膨脹的過程中，避免如旋風烤箱帶進明顯的氣體風流把蛋糕給吹歪了造型。旋風烤箱較適合用於烤肉，品如全雞、火雞、整條牛肉等食物。

五、保溫抽屜、保溫箱、保溫燈（圖4-11、圖4-12、圖4-13）

這類保溫設備主要是用於餐期前的預先製備，方便在用餐尖峰時刻可以快速出餐又能同時兼顧食物的品質。要放在保溫抽屜或保溫箱的食材也必須要有抵抗失去水分的能力，畢竟食物長時間處在保溫箱中就算有配置給水來延緩食物失去水分，還是多少會影響食物的口感，因此必要時還是須將食物做簡單的包覆，延緩水分的流失。常見的食物有烤好的馬鈴薯、地瓜、吉拿棒、爆米花，甚至預先炸好的烤雞或是一些半成品。而保溫燈的工作原理相似，但是整個保溫環境是開放式的，保溫效果自然又差了一些。保溫燈常見於廚房出菜口用來為已經完成製作卻還沒送出的餐點做保溫，或是用於自助餐廳的餐檯上為餐點做保溫。

六、半開放式烤箱、履帶烤箱

半開放式烤箱的意思就是同樣有著烤箱的功能，卻不像一般烤箱呈

圖4-11　保溫抽屜

圖4-12　保溫箱

圖4-13　保溫燈

現密閉的狀態，而是根本沒有烤箱門的設計，並且多半採上方烤火的設計概念（**圖4-14**）。這常見於中式或亞洲料理的廚房裡，用來烤魚、肉、蔬菜等各式食物，方便廚師隨時檢視燒烤的程度，並且可以依照需求選購有專屬溝槽放置串燒食物的烤箱（**圖4-15**），同時也可以因應廚師對於烤火和食物間的距離需求，而設計有烤台高度調整的拉桿方便操作使用（**圖4-16**）。

履帶烤箱（**圖4-17**）基本上就是個變形的開放式烤箱，同樣沒有

圖4-14 半開放式烤箱

圖4-15　半開放式串燒烤箱

圖4-16　半開放式烤箱可調整高度

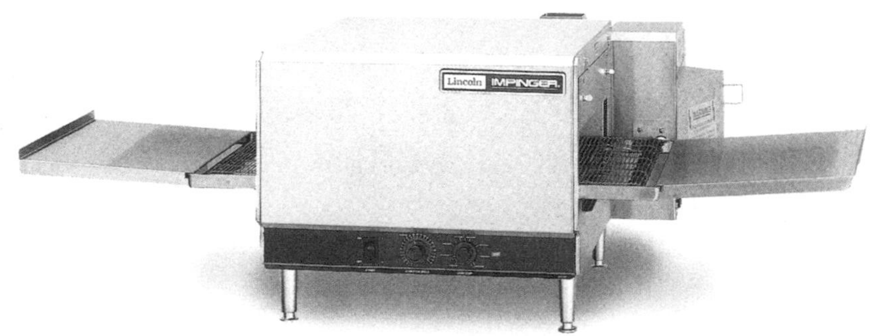

圖4-17　履帶烤箱

烤箱門，多半採用上火設計，但也有少數高階機種能夠做到上下火的設計。而履帶設計的最大好處是透過馬達自動帶動放在履帶上的食物（通常是披薩或吐司麵包），讓食物在一定的時間內離開烤箱以確保擁有固定的烘烤品質，並且可以節省人力作業。而食物通過履帶烤箱的時間，則可以透過人工調整設定馬達的轉速來因應，算是個相當有效率的設備。旅客常可以在飯店享用早餐自助餐廳的餐檯上，發現小型履帶烤箱的身影，提供住客自行放進吐司麵包做烘烤。此外，也可以在大賣場的pizza專賣區看到作業人員高效率的利用履帶烤箱生產大量的pizza，因應消費者購買的需求。

七、開放式烤箱（Salamander）

開放式烤箱（**圖4-18**）和前述半開放式烤箱外型上最大的不同是左右兩側的烤箱壁是否存在。如果仍保有烤箱壁的設計就是半開放式烤箱，簡單說就是沒有門的烤箱。而開放式烤箱則省卻了兩側的烤箱壁，聚熱效果相對差了些，但是這類烤箱的功能本來就不同，對於聚熱的要求自

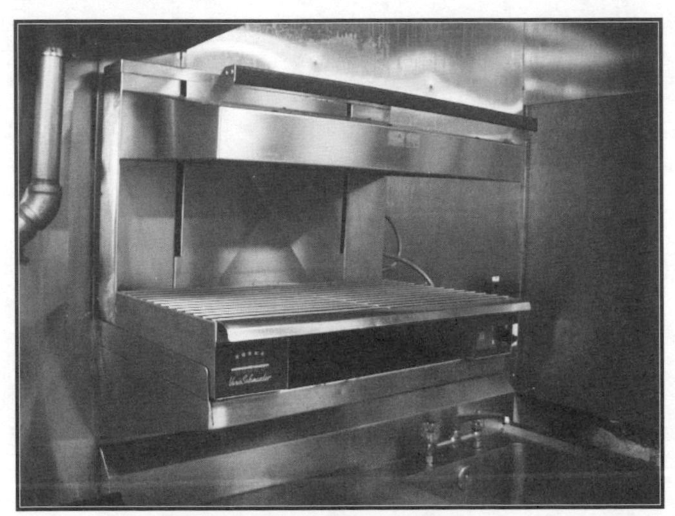

圖4-18　開放式烤箱

然也不是那麼高。設計上都是以電力為熱源，電熱設備配置在明火烤箱的上半部，而下半部就是放置食物的平台。其中上半部的主要電熱設備採可調整高度的設計，將食物擺上後可依照需求將上半部的高度降低，使熱源更貼近食物以增加效率。這項設備最大不同的特色在於它是採壁掛式的設計，距離地面高度約在160公分左右，而非一般設備採桌上型或落地式，而且是一種開放型的烤箱，沒有烤箱門的設計，亦無旋風或蒸氣裝置。功能是將起士融化，例如將煎好的漢堡肉再鋪上一整片起士，然後放在明火烤箱下烘烤，讓起士片在短時間內融化，隨即可以將肉片和起士片夾入漢堡麵包內，再搭配其他蔬菜或佐料即可出菜。也有些餐廳在廚房餐點出菜前，會再做一次最後的增溫，使表皮更增酥脆，並使食物溫度不致冷掉。

八、蒸氣烤箱

就烤箱的單純功能而言，這台蒸氣烤箱（**圖4-19**）可說是烤箱的一項重要革命性發明，它顛覆了過去烤箱僅限於熱烤、烘烤的功能，加入了水氣讓食材烹煮有了更多的變化，可說是一台多功能型的烘烤設備，近年廣為餐飲業界所愛用。

圖4-19　蒸氣烤箱

它的烹調方式很多樣，可以是濕熱方式的蒸烤、蒸煮，乾熱方式的烘烤，也可以是低溫的烘培或蒸煮，都能達到不錯的效果。尤其因為導入蒸氣水分可以進行蒸烤的方式，對於海鮮魚類的美味和湯汁的保存，更是有非常好的效果。烤箱外簡單的微電腦控制面板可以輕易的操作煮、烘烤、蒸烤、解凍、熬煮、再加熱甚至真空調理。烤箱並且配備有食物感溫棒可以確實掌握食物的溫度與生熟度（**圖4-20**）。此外，這台設備附有水管噴槍可進行內部沖洗（**圖4-21**），而機器本身也設計有自動清洗功能，相當方便，也能有效杜絕食物的交叉汙染。有些機型甚至還配有自動偵測檢查裝置，是一台相當具有智慧性的烹飪設備。

圖4-20　溫度探針

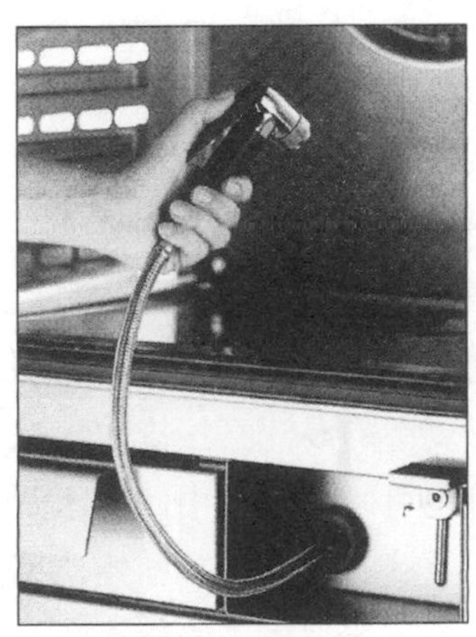

圖4-21　清洗噴槍

九、蒸氣鍋

壓力蒸氣鍋（**圖4-22**）的發明可說是各式蒸煮設備的一大改革，它主要是利用電源為熱源將熱水加熱至沸騰後轉為蒸氣，才利用蒸氣作為熱源來烹煮食物。蒸氣鍋的構造就像是一個兩層鍋，內層是一個半球狀的內鍋，它被密封焊接在外鍋裡，內外兩個鍋中間並且保留了約只有2英寸的間隙。而水被加熱沸騰轉為蒸氣後就會被傳導到這僅有的2英寸的間隙中。並且隨著蒸氣的不斷導入而形成高壓的蒸氣環境，使得溫度更得以提升加速烹煮的效率。

由於是採用蒸氣為熱源，最大的好處是內鍋受熱均勻並且快速，而且不容易產生食物在內鍋上燒焦的情況，減少了清洗鍋具的時間與人力。蒸氣鍋無法進行食物的烘烤也無法將食物煮成燒烤微焦的表面，比較適合快速水煮或是慢火燉煮的形式。規格則從30～100公升都有廠商製造生產。為了節約電能，在烹煮時可以盡量蓋上上蓋避免熱氣流失，並且減少蒸氣的外洩。蒸氣鍋下方配有一個洩水閥，可以先將鍋內煮好的食物撈出後，利用洩水閥將剩下的湯汁直接排放出來，清洗時也可以善加利用此排水閥。另有一種蒸氣鍋的設計則類似萬能旋轉鍋的方式，省去的洩水閥改採傾倒式的方式將食物倒出。選購此款設備，建議廚房規劃設計初期，就應該預留此設備的位置，並且在下方直接設有排水溝方便清洗傾倒。此設備也有其他不同的配件可以選配，例如搭配扁平式或球線狀攪拌頭，使用起來更順手有效率！（**圖4-23**）

圖4-22　蒸氣鍋

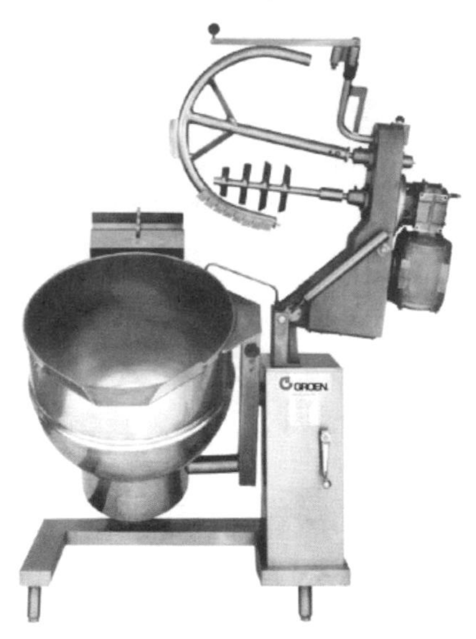

圖4-23　蒸氣鍋+攪拌

十、煮麵機

煮麵機（**圖4-24**）同樣可以選擇以電力或瓦斯為熱源，內部水槽則依照業主需求有多種選擇。大水槽設計固然因為要煮沸熱水而必須使用較多的能源，但是也因此比較能夠維持水溫，不至於因為放入過多的麵條或水餃而將水溫降到太低影響了食物的口感和烹煮的效率。至於中式或西式的煮麵機嚴格說來除了外型不同，中式比較採用圓洞設計搭配中式的圓形煮麵杓，而西式則多採正方或長方形設計，工作原理則無二致。目前有些新式的煮麵機會配有定時器作為提醒，甚至有些高規設備還搭配自動將煮麵杓升起的功能，但是業界使用的不多，仍習慣採用人工操作為主。餐廳營運時由於煮麵機必須隨時保持高溫接近沸點待命，所以水分蒸發相對較快，煮麵的過程中麵條也會吸收水分，因此建議在廚房設計初期就應該在煮麵機上方直接配置水龍頭方便補水以便於操作使用（**圖4-25**）。

圖4-24　煮麵機工作示意圖

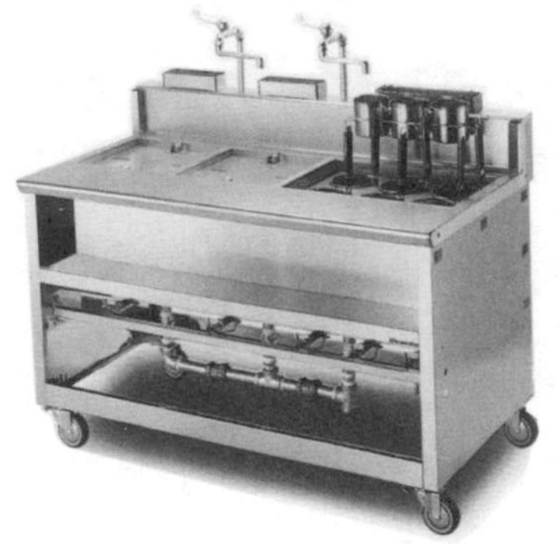

圖4-25　煮麵機

十一、油炸爐

油炸爐具（**圖4-26**）可以選擇以瓦斯或電力為熱源，尺寸容量非常多樣化，小台為桌上型設備以電力為能源，尺寸如本書頁面大小，常用於早餐店少量油炸時使用。大型的甚至配有兩槽油炸槽來應付大量的營業使用

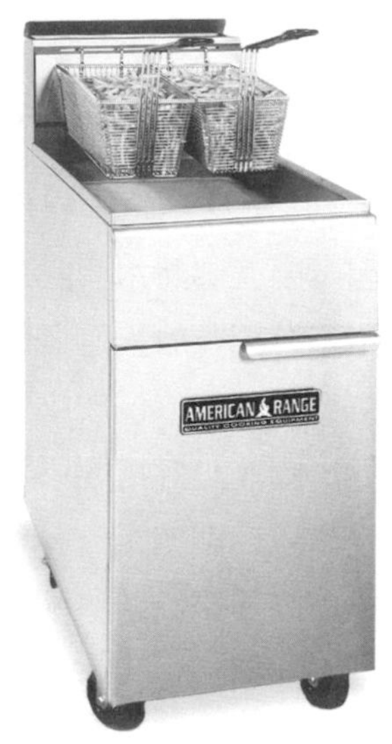

圖4-26　油炸爐

圖4-27　炸油爐底部窄化達到省油目的

（如速食店），業者可依照自身營運上的需求及空間選購適當的機型。

現今因為各項食材成本不斷上漲，炸油用量也變得更謹慎，因此油炸槽的內部設計也做了改良，如將底部窄化，並且將省下來的空間改成加熱管，讓油炸爐能夠更有效率避免炸油溫度降低。同時底部窄化後也能省下更多的炸油被倒入（**圖4-27**）。

至於油炸籃的選擇可以依照餐廳油炸的餐點做考量，少量多樣的油炸食物可以選擇小容量的油炸籃，方便做區分，同時也因為各種食物所需的油炸時間不同，小容量炸籃有其優點，方便不同時間點從油炸爐中取出。反之，對於單項且多量的油炸食物則可考慮選購大容量的油炸籃，方便使用，並且因為內部容量大，食物在油炸籃中受熱也較均勻，可提升品質穩定度。

此外，餐廳業者可視需要添購濾油設備，透過濾紙、可食用性的濾粉及專用的過濾設備，可以延長炸油的使用壽命。連鎖速食業者應避免因炸油換油頻率過低，造成酸價過高，影響消費者健康的情形產生。2009年這類新聞時有所聞，衛生署也因為怠於針對炸油設定清楚的規範及管理，而遭到監察院的糾正。這類事件的後續效應已逐漸散開，政府部門也開始著手進行相關法規的訂定，並且考慮全面禁止使用濾油粉。故建議業者，在開設餐廳著手規劃採購油炸設備時，應同時仔細瞭解最新的相關規範以免觸法。

十二、中式爐台

相較於西式爐具的多樣和複雜設計，中式爐台就顯得簡單許多。礙於中式料理以熱炒為大宗，所以中式爐台多半採用瓦斯為能源搭配鼓風設備，讓瓦斯火力變得強而有力。再者，中式炒爐和西式炒爐在工作習慣上最大的不同是中餐廚師會再炒完每一道料理後就順手用木製鍋刷將鍋子刷洗乾淨後，隨即又製作下一套菜，一整個餐期下來就只使用單一的鍋具。而西式炒鍋尤其是在義大利麵餐廳礙於西方廚師的工作習慣不同，每炒完一道麵就會將鍋子放到水槽待洗，又再拿一個新炒鍋製作下一道麵，因此一整個餐期下來往往使用數十個平底鍋。所以中式的炒爐一定會在廚房規劃初期就在炒台牆面上配置水龍頭方便隨時洗鍋。而炒台靠近牆面的地方也會利用不鏽鋼摺出一個溝槽，方便洗完鍋後直接將水順手倒入溝槽中排掉（**圖4-28**）。

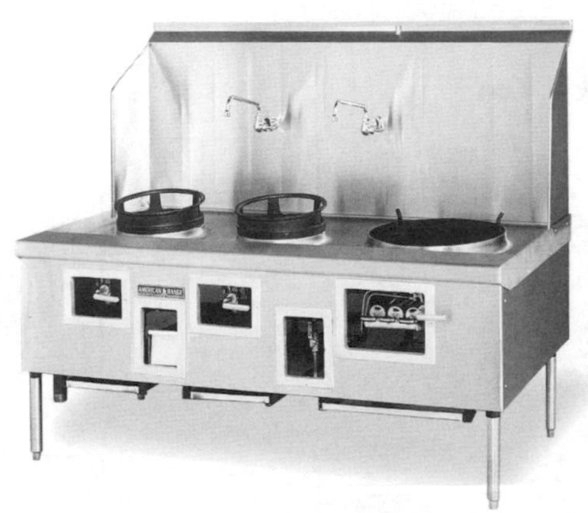

圖4-28　中式爐台

而中國畢竟地大物博，也因此衍生出中國的八大菜系，每個不同菜系因為料理習慣和餐點特性的不同，又發展出中式爐台上的一些小變化。例如潮州式爐台（**圖4-29**、**圖4-30**）、上海式爐台（**圖4-31**、**圖4-32**）、廣東式爐台（**圖4-33**、**圖4-34**）等一些小爐頭設計，方便師傅同時可以料理煲類等紅燒的料理。近年來西方國家的中式餐廳也愈來愈具規模，使得歐美各主要的餐飲設備製造商也開始著手生產中式爐具，以因應當地市場業者需求。在不鏽鋼材質上比傳統的中式爐具廠商更要求，

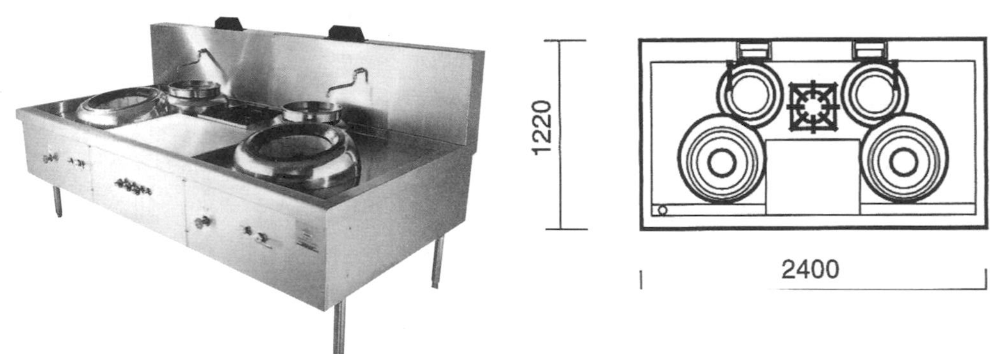

圖4-29　潮州式炒爐

圖4-30　潮州式炒爐平面圖

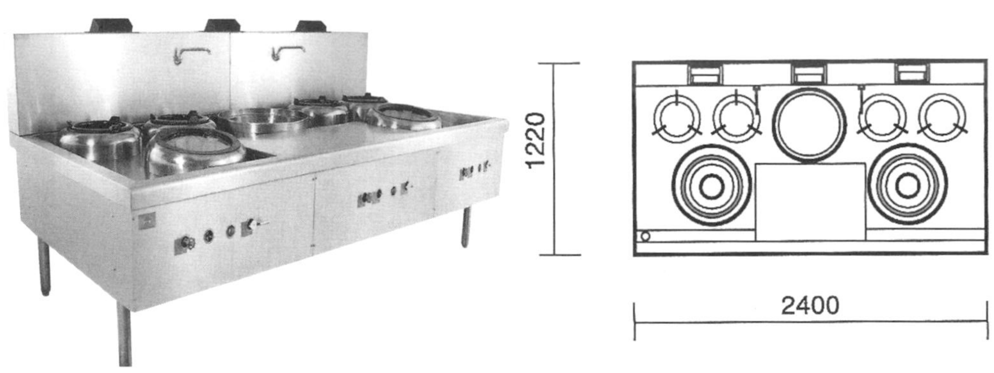

圖4-31　上海式炒爐

圖4-32　上海式炒爐平面圖

圖4-33　廣東式炒爐

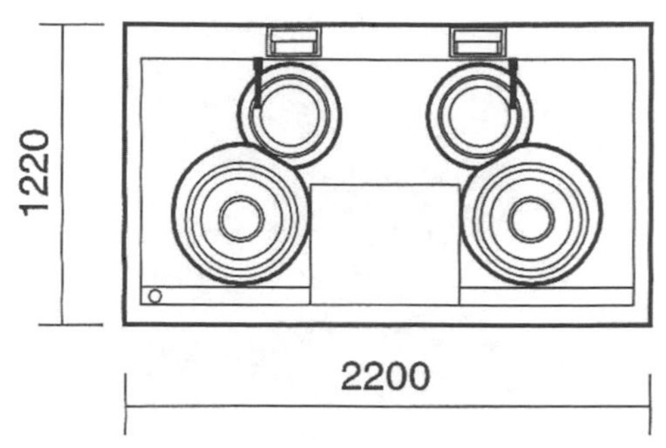

圖4-34　廣東式炒爐平面圖

不論是在鋼質的選擇、厚度的考量、折角的收圓這些小地方都有濃濃的西方廚具風格。只是在外型上線條收得比較漂亮，功能並無二致（**圖4-35**）。

圖4-35　西式中式快速爐

十三、切肉機

切肉機（**圖4-36**）廣泛使用於各式廚房裡，西式廚房多半拿來薄切肉片、火腿、起司片外，而燒肉店、火鍋店更是使用切肉機的大宗。切肉機除了從外型上分為桌上型和落地型之外，也可以依據刀片直徑分為12"、14"等規格，又可以依據機器本身的動力規格分為手動式或自動往復式，端看廚師的需求來做採購。此外，切肉機多半有附掛磨刀石的設備，必要時可以將磨刀石附掛上後開啟機器運轉做磨刀保養。因為圓盤型的刀片極為鋒利，人員操作或清潔時時務必小心，必要時可以戴上護手套以免發生危險。

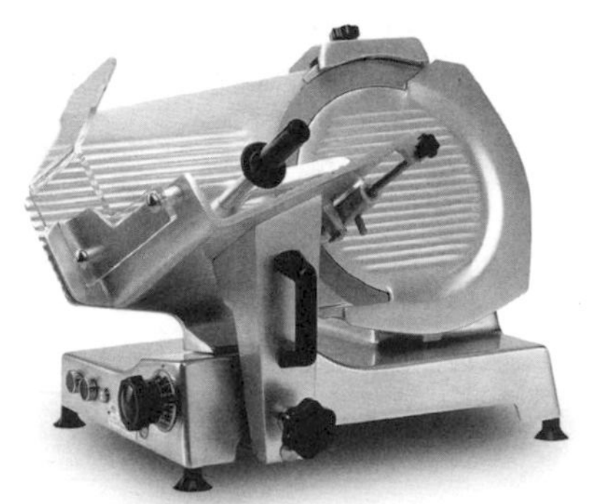

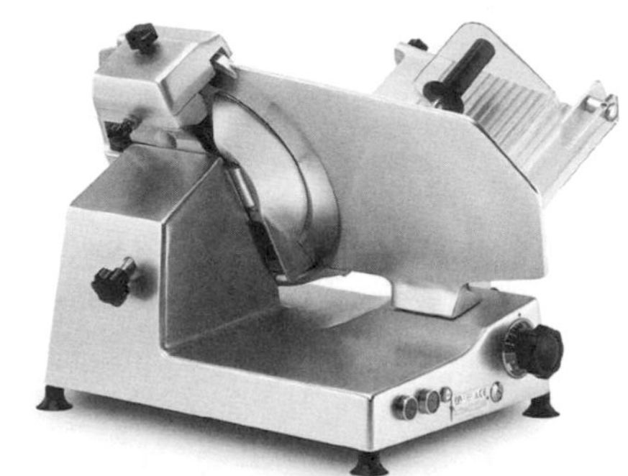

圖4-36　切肉機

十四、蒙古烤肉炒台

蒙古烤肉炒台（**圖4-37**）是專屬設備，只見於蒙古烤肉餐廳或少數有提供蒙古烤肉料理的自助餐廳。說來也有趣，在台灣看到的蒙古烤肉其實根本就是炒肉。師傅在大型的圓平板台把食材用長筷子做翻炒，完成後直接將食材撥到平台邊緣順勢用餐盤接住盛裝。平台下方多了一層溝槽只是為了讓不小心掉落的食材能落入溝槽中，避免弄髒地面方便做清潔整理罷了！

圖4-37　蒙古烤肉炒台

十五、外掛型低溫烹煮機

舒肥（Sous Vide），源自法國，是一種隔水加熱低溫烹煮的方式，被發明出這樣的烹調方式已經有半世紀之久，只是近年來西餐界忽然又流行了起來。Sous Vide本是法文真空儲存的意思，透過先將肉類、調味辛香料、橄欖油等放入真空袋後做醃漬和冷藏保存。再以水煮（Poaching）的方式低溫水煮（約55℃），讓肉類逐漸由生而轉熟，一般而言，牛、羊肉最合適的熟度約在五分熟之際最好軟嫩好吃。然而，這樣的烹調手法會少了高溫帶來的梅納反映（Maillard Reaction），也就是糖或澱粉遇到胺基酸或蛋白質等成分產生焦褐反應，自然也少了焦香味。因此，多數的廚師在完成舒肥法之後，會拆袋將肉取出再利用平底鍋將外表煎出梅納反映，以增加肉的風味，並且保有肉塊內部軟嫩的完美口感。

而舒肥機簡單說就是個加熱裝置，它可以利用本身附帶的扣夾將設備扣夾在鍋邊，把真空包裝的食材放入鍋中並添加適量的水後開始進行加熱，並且維持在穩定的溫度下，經過一段時間達到低溫水煮的效果。類似但不同規格的設備有很多的選擇，加熱效果強的舒肥機適合餐廳大量製作，小台的則適合一般家庭使用。近來甚至有業者開發出手機程式軟體（App）來提供消費者搭配使用，除了可以透過藍芽遠端操控，還可以透過App內提供的各式食譜來舒肥食物，並且留存紀錄，相當實用（**圖4-38～圖4-40**）。

十六、沙威瑪烤箱

沙威瑪烤箱（**圖4-41**）顧名思義就是專屬用途於沙威瑪料理的開放式烤箱，採用瓦斯為能源從側邊直火對食物加熱。中間則配備一根不鏽鋼尖叉用以串叉雞肉或其他肉品，再利用設備本身自動旋轉的效果讓肉品均勻輪流受熱。這款設備常見於夜市的沙威瑪攤販，對一般國人來說並不陌生。

圖4-38　將舒肥機扣掛於鍋邊

圖4-39　進行舒肥低溫水煮過程

圖4-40　拆袋進行鍋煎至焦香

圖4-41　沙威瑪烤箱

十七、生飲水

生飲水系統普遍存在於餐飲業的廚房甚至外場的工作站上，不論是提供客人飲水、烹煮料理、調製飲料、製冰機生產製冰，甚至可樂機背後除了接上糖漿和二氧化碳氣瓶之外，也少不了搭配生飲水作為飲料的基底。因此，建置一套安全無毒且保養容易的生飲水系統對餐飲業來說是非常重要的課題，尤其每年夏天來臨時，衛生機關總是會季節性的抽查各餐飲業者冰塊和飲水的生菌數，想要過關除了配置好系統，日常定期的清潔保養換芯作業缺一不可。

一般來說，餐飲業多數採用RO逆滲透系統作為生飲水的生產使用，以確保過濾掉自來水中不該殘留的重金屬等物質，並且經過紫外線或臭氧的殺菌以達到生飲水的標準。RO逆滲透對於餐飲業算是適合的系統，在預算投資上也負擔得起，但是對於一般家庭，筆者就不太建議使用RO逆滲透系統，畢竟RO逆滲透生產出純水的過程中也完全過濾掉了水中的良好礦物質，長期飲用對於身體需要的元素會有缺乏的疑慮，偶爾到餐廳喝RO水倒還無妨。除了淨水系統之外，生飲水的出口鵝頸龍頭不論在材質的選擇（食用級#304不鏽鋼）和周邊的汙染預防也是重要的課題，務必定期清潔並且保持避免被汙染才是上策。另外，生飲水龍頭下方也應配置排水簡易平台，周邊的清潔也不可馬虎。也有些會在生飲水旁邊配置保溫冰槽，方便服務員提供冰水給客人飲用，冰槽的槽體和周邊也應該採用不鏽鋼材質，並且最好經過抗菌處理，排水槽和冰槽下方的排水孔也應定期疏通，避免滋生水苔產生食安疑慮，排水管如果是一般軟管也可考慮定期直接更換，以維護洩水通暢（**圖4-42**、**圖4-43**）。

圖4-42　生飲水

圖4-43　生飲水+冰塊槽

十八、各式冰箱

立式冷藏冷凍庫（**圖4-44**）可自行選購冷凍或冷藏，亦或上下層分別設定為冷凍及冷藏，方便餐廳自由選購使用。此種立式冰箱的壓縮機及散熱設備都建置在機器頂端，因此要確保上方空氣能自由流通，以利散熱和效率的提升。建議在規劃之初就確認此冰箱的擺放位置，就可以和空調廠商協調，將廚房空調的迴風口設置在冰箱上方，讓冰箱散熱和運轉都能更有效率，且能節省電源消耗。門片的設計也可選購透明玻璃或是不銹鋼板面；透明玻璃的好處是人員在開啟冰箱前就能看清所需物品的所在位置，減少冰箱門開啟的時間以節約能源，並且避免冰箱內溫度因為開門過久而過度上升；而不鏽鋼面板的冰箱門雖然沒有視覺穿透的好處，但是對於隔溫的效果較佳。不論玻璃門或是不鏽鋼門板，可選購正面及背面雙向都有設置門板，方便工作人員可以由兩邊開關冰箱。

圖4-44　立式冷藏冷凍庫

十九、工作檯冰箱

工作檯冰箱（**圖4-45**），是最常見的廚房冷凍冷藏設備，因為所需空間小且保留完整檯面供工作人員自由使用，不論是食材的儲存或拿取都

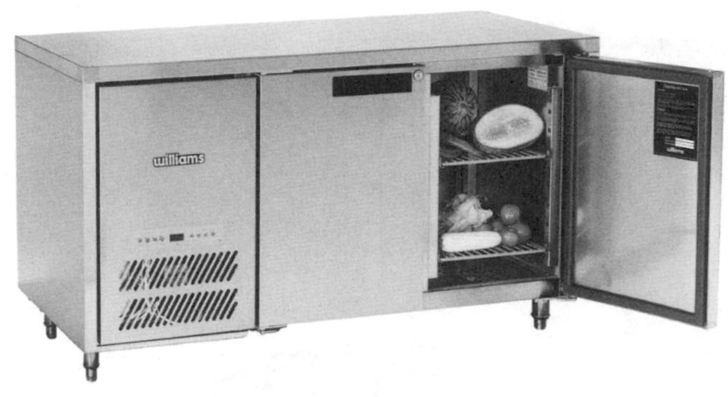

圖4-45　工作檯冰箱

相當方便。因壓縮機安裝的不同，選購時也可以有冷凍冷藏的選擇。整體的高度為850公釐，深度則依業主的需要或現場空間的規劃考量，設定在660～750公釐之間，符合國人的身材。寬度則可以自由依照廚房的實際空間選購適合的尺寸，甚至訂作，讓廚房空間發揮到最大效益。門板的選擇亦有不銹鋼板及透明玻璃兩種款式可自由選擇。

工作檯冰箱另可做其他收納規劃，例如設置抽屜（**圖4-46**）或將冰箱檯面局部挖空並配置有調理盒。調理盒下方與內部的冷藏空間相通，讓調理盒仍可以有冷藏的效果。此種設備的設計非常適合三明治、薄餅、沙拉及甜點工作檯使用（**圖4-47**）。

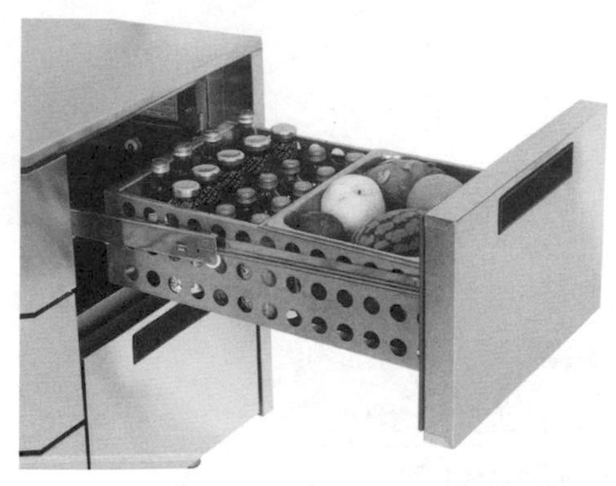

圖4-46　設置抽屜的工作檯冰箱

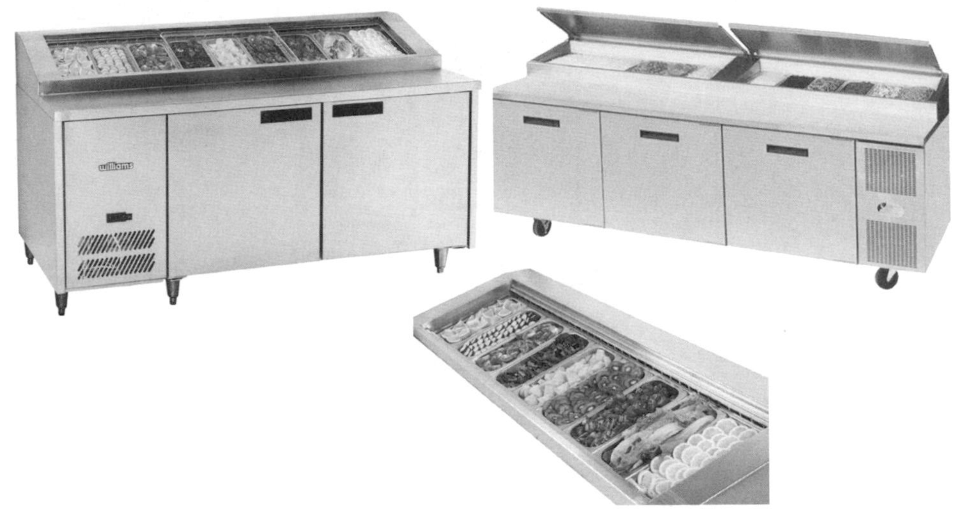

圖4-47 配置有調理盒的工作檯冰箱

二十、熱水保溫槽

這類設備主要以電力為能源，利用沉浸在槽底的加熱棒為槽內的水加溫或進行保溫，因此此類設備一定配置有溫控調節裝置及過熱跳脫安全裝置。一般來說，熱水的溫度可以達80度左右，依照大小型水槽的容量不同而配置不同功率的加熱棒在槽底，並且在槽底配置有排水閥方便洩水。這類保溫熱水槽對於廚師來說相當實用，各類預做好的熱醬汁、熱湯都可以將整鍋放進熱水槽中進行隔水保溫或加熱，隨時備用（**圖4-48**）。

圖4-48 熱水保溫槽

二十一、電熱保溫湯鍋

這類湯鍋常見於簡餐廳，如定食8、百八漁場、日式炸豬排專賣店或自助餐廳，方便客人自行舀湯，或放置於一般餐廳的出菜口，讓外場服務人員不假廚師之手可自行舀湯（俗稱公司湯、每日例湯），加入簡單配料或裝飾後即可出餐給客人（**圖4-49**）。

圖4-49　電熱保溫湯鍋

二十二、層架推車

層架推車常見於各餐廳廚房、飯店宴會廳、烘焙糕點店的工作區域內，透過預設一層層的溝槽設計可以置入標準規格烤盤，不論是暫放食材冷卻或等待進入烤箱的暫時擺放都相當方便。搭配四輪全向迴轉設計，不論是移動或調整擺放角度時方便又不需太大迴轉空間，算是相當實用的廚房活動擺放架（**圖4-50**）。

圖4-50　層架推車

二十三、桌上型開罐器

這種大型開罐器常見於廚房工作檯面的側邊，利用其附屬的旋轉活動夾牢牢將開罐器固定在工作檯的桌邊後，舉凡一般小罐頭或商業用大型罐頭都適用。使用時只要將罐頭放置定位後，旋轉上方把手一圈的同時，下方的罐頭也會跟著轉圈並同時完成開啟（**圖4-51**）。

圖4-51　桌上型開罐器

二十四、烤鬆餅機

簡單說其工作原理就類似我們常見路邊小販製作車輪餅的原理，只是鬆餅機多般採用電力加熱，並且有方格模具的設計。使用時預先加熱並完成簡單的塗油後即可倒入適量麵糊，上蓋蓋上後利用上下的模具加熱後完成鬆餅製作，是一般咖啡廳簡餐店不可或缺的簡易廚具。現今有些自助餐廳或飯店的早餐也有供應，並且讓客人自行體驗製作，甚至一般烘焙店、大賣場的小家電區、網路購物也都買得到，讓消費者自行在家製作鬆餅使用（**圖4-52**）。

圖4-52　烤鬆餅機

二十五、各式切製工具

工欲善其事必先利其器，對於大量且統一規格的蔬果切製，如果留給廚師全部以手工切製不僅耗費時間體力，也無形增加了更多的人事成本在其中，對於現在一例一休後的法令環境，勢必要有所因應。把最重要的步驟和製程留給專業廚師處理，至於這種基本規格的蔬果切製則可以透過採購相關的設備器具來高效率的解決。不論是切片、切丁、切棒柱狀都有相對的設備和刀模可以因應，務必要善用來提高工作效率（**圖4-53～圖4-58**）。

圖4-53　切圈

圖4-54 切片

圖4-55　切棒柱

圖4-56　切丁

圖4-57　切洋蔥花

圖4-58　絞肉

二十六、模組化設備

這是一個概念式的廚房設備，意思是將不同用途的廚房設備在有限的空間中作高效率的安排，達到「麻雀雖小，五臟俱全」的目的。當然，受限於空間，自然也就對模組產生的效益而遞減，因此如何在空間和產能之間作拿捏，有賴主廚的專業判斷和菜單的設計引導。通常模組化的設備也必須將所需的設備侷限在同一品牌甚至同一系列的採購，才能夠透過模組化介面的設計讓不同設備間能夠完整緊密的接合並且固定牢靠，最後上面再附上一體成形的蓋板讓整組設備更具設計感也更實用（圖4-59～圖4-62）。

本章簡略提及廚房常見設備，但因不同菜系料理對於設備的需求也有些微差異，又受限於篇幅也無法將所有設備一一說明，僅就常見實用或通用型設備在本章中作說明。有興趣的讀者不妨上網搜尋各大專業廚具廠商官網，或利用餐飲廚具設備展時前往展覽館參觀學習。

圖4-59　模組化設計——炭烤＋瓦斯爐+烤箱

圖4-60　模組化設計——多重用途

圖4-61　模組化設計——烤箱＋煎＋炒＋明火烤

圖4-62　模組化設計——煎＋烤

Chapter 5

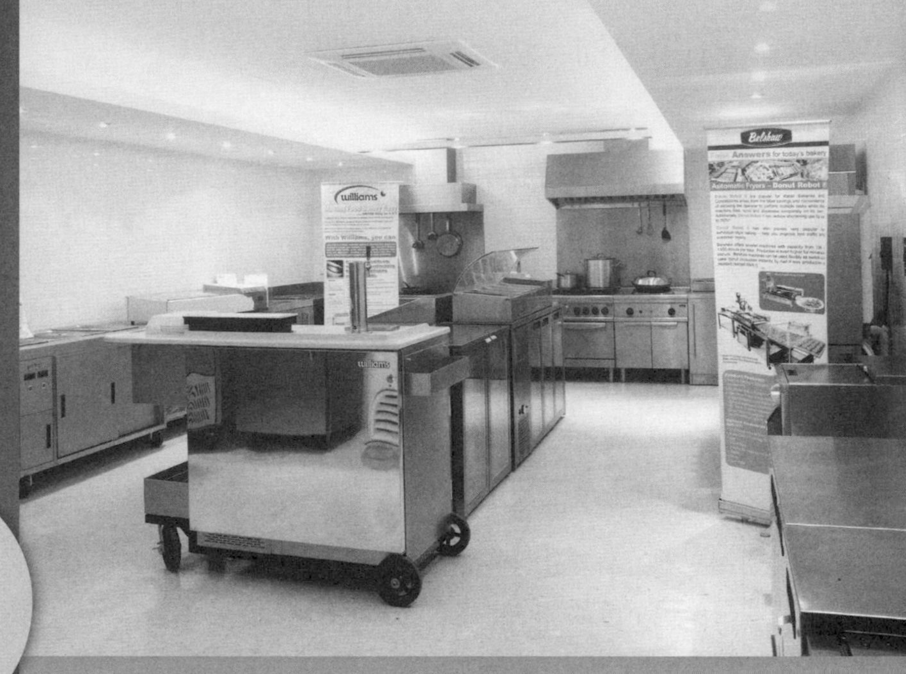

環保與消防設施

- 第一節　法令與社會期待
- 第二節　環保汙水及油汙收集
- 第三節　空汙防制設備
- 第四節　廚餘環保再生利用
- 第五節　消防規劃與設備

第一節　法令與社會期待

近年來，愛地球、減排碳、減塑、強調資源回收再利用等議題，逐步透過法令政策、社區宣導、學校教育的管道，讓社會上的每個人不再忽視這些話題，並且逐漸的力行於生活中。

一般人生活中息息相關的不外乎需要付費購買垃圾專用袋、追逐垃圾車丟棄垃圾和資源回收物、出門前看氣象報告然後又因為PM2.5警報不得不戴上口罩出門、透過大眾運輸通勤……。然而，對於餐飲業來說，相關的環保法令的嚴苛甚至窒礙難行的程度，就遠遠超乎外界的想像，除了開業的整體投資金額大幅上漲之外（消防及環保設備的建置），平日的營運成本（消防定期申報成本、環保設備的運作養護成本）之外，有時候還得依賴下游廠商的配套執行才能完成合法的環保程序，例如有預算要找合法登記的廢油、廚餘回收下游廠商，卻發生礙於回收量太小不符經濟成本、路途遙遠而沒有廠商願意來回收的窘事。

政府對於減塑、優化空氣品質、資源回收再利用的立法立意雖美，有時候卻難免過度躁進、缺乏配套措施，或宣導期過短而讓所有業者跳腳，這類情事屢見不鮮卻也無可奈何。多數業者只能選擇無奈接受，但是接受的同時往往也是成本的增加，犧牲了原本就非常有限的獲利，最終會讓經營體質原本較差或規模較小的餐飲業者無奈結束營業。作者認為在兼顧環保節能的大趨勢之下，增修法令來約束餐飲業者以提高環保節能成效絕對是應該的，但是宣導期的拉長、適度的硬體投資補助、擴大上下游廠商的數量、從營業稅上或營利事業所得稅上作獎勵或減免，讓這些環保節能法令能夠逐步落實並看見成效。

而消防相關法規也是令業者相當頭疼的一環。對於小餐廳而言，安裝廣播器、逃生指示燈、緊急照明燈、擺放滅火器這些簡單設施尚屬可行。但是對於稍具規模的餐廳要嚴守消防區劃、排煙設備導入、防焰防火建材的購置、消防栓及灑水頭配置、挑高的餐廳更要設計防煙垂壁玻璃，這些費用從消防設計圖的花費、送審的時間和金錢成本、審核後的裝設一路下來動輒百萬元起跳，對於餐廳的開辦費用來說有時候占了20%負擔，對業者來說相當沉重。然而，確實也有些案例可以發現火災後因為這些設施保養得宜發揮了救災的功能，可是更多的時候是檢查不落實或是消防通道阻塞造成逃生困難而發生憾事。因此，落實執行消防通道的暢通和平日營業後的水電瓦斯管制其實反而是預防火災造成人命傷亡的重要關鍵。本章接下來將為讀者簡單說明餐廳常見的環保設施和消防設施，把業界主流的設備和做法簡單扼要地介紹讓讀者可以有觀念性的瞭解。

第二節　環保汙水及油汙收集

餐廳主要的汙水除了廁所汙水透過建物本身或和大樓的連通進入汙水下水道之外，更多的汙水來自廚房應運所產生的油水和清洗時的汙水，畢竟餐廳每日營業結束總是必須刷洗廚房地板，以維持廚房地板清潔不油膩，避免蟲鼠孳生。

一、排水溝與地板水平

想要有效率的沖刷地板，除了搭配地板清潔劑刷洗之外，在廚房合適的角落（通常是廚房的兩端甚至對角）配置水龍頭搭配橡膠軟管做沖洗更是重要的配置，可以很有效率地將廚房清洗乾淨。這裡有兩個要點可以考慮執行，一是配置熱水水龍頭沖刷地板更乾淨，二是排水迅速避免地板長時間濕滑，利於乾燥！

要想快速排水的兩個重要元素：

(一)地板坡度

多數的廚房在建構時為了方便配置排水溝及部分管線，都會將廚房整體地板進行灌漿墊高工程約15公分左右，並且利用這個墊起的高度預先安裝排水溝（**圖5-1**）。排水溝相較於傳統排水孔的好處是溝體本身的排水量大，一般的排水孔多半為2.5英寸直徑，相較之下15公分長寬高的水溝在排水效能上當然提高許多。同時，為了能夠提高地面和水溝排水的效率，以避免流速過慢造成地板濕滑淤積，或水溝內汙水中食物殘渣擱淺淤積，甚至水溝壁長苔，業界普遍的做法是利用廚房墊高工程之前，預先擺放溝體定位並且和壁面的排水孔進行聯通焊接，然後隨著溝體一路導入節油槽的方向，調整出2/100的坡度以增加水流的行進速度（**圖5-2**、**圖5-3**）。同時在進行地板灌漿墊高工程時，也讓地板呈現相同的坡度，由牆角為最高點往水高的方向向下傾斜，導引地面汙水快速流入水溝，然後也因為水溝的坡度設計快速流入節油槽（**圖5-4**）。

(二)排水溝設計

廚房汙水經由水槽的排水管導入排水溝，或經由地面清洗的汙水直接流進排水溝後，最終都將經由排水溝導引至截油槽進行截渣和截油的程序。為了方便地面的汙水直接快速方便的流入排水溝，因此多數的

圖5-1　廚房地面灌漿墊高前防水打底工程

圖5-2　廚房地面灌漿墊高前先將水溝溝體定位並焊接銜接

圖5-3　廚房地面灌漿前將水溝溝體位置進行放樣確認後固定

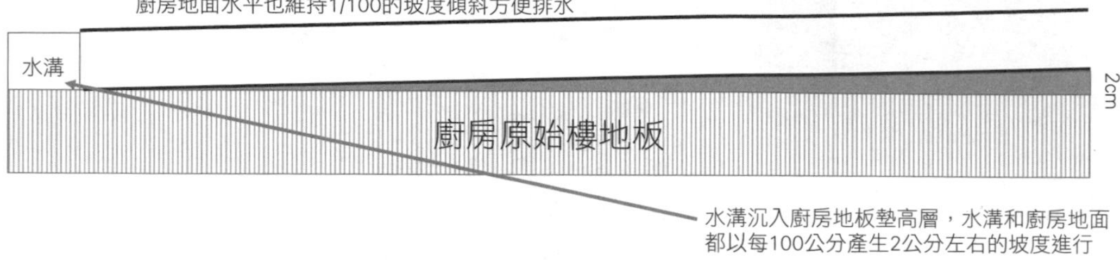

圖5-4　水溝坡度示意圖

時候排水溝都會採用天溝格柵的方式來設計溝蓋，既可避免器具物品或食材直接掉入水溝，也可以有效的發揮洩水排水的功能（請參閱第三章**圖3-15**）。同時，為了方便日常刷洗清潔排水溝避免汙漬卡在水溝的死角，水溝的材質選擇和製作方式就扮演著很重要的關鍵。一般而言，水溝溝槽本身多以不鏽鋼材質為首選，並且採用一體成形方式摺成一個合適的圓弧，現今多半的圓弧約在1公分半徑所形成的圓弧以方便一般的清潔刷子可以容易刷洗不至於有死角產生汙漬殘留，而水溝本身的寬度約為20公分，高度則為15公分為宜（請參閱第三章**圖3-16**）。

二、截油槽

汙水經由排水溝導入截油槽之後，隨即進行簡易的攔渣和截油的功能，讓經過截油槽的汙水能夠有80～90%的截油截汙功能。截油槽大致有幾種設計，利用其作用原理的不同達到效果不等的截油效果。

(一)簡易型截油槽

此種截油槽目前在餐飲業被普遍採用，最大的優點是造價成本低、沒有維修保養的成本，僅利用攔渣網將菜渣雜物攔截沉澱於網中，再利用油水比重的物理原理讓廢水自然在下方，而油汙則漂浮在水面上，不需任何能源即可達到所預先設計的功能。唯一的工作就是每日進行一次甚至多次的清潔，以達到最好的截油攔渣效果（**圖5-5**）。通常要配置截油槽會將廚房原始的地板挖洞，將截油槽沉入地板內讓截油槽上緣切齊排水溝溝底的高度，讓汙水順利流入截油槽中。因此，如果是位在一樓以上樓層的廚房，應事先和樓下的鄰居溝通，因為截油槽槽體就等於吊掛在樓下的天花板上。而百貨公司美食街櫃位多汙水量自然也大，通常會將經過截油槽做初步截油攔渣後的汙水匯集到幹管後，再次進行第二次的攔渣截油程序，以確保排放出去的汙水能夠對環境傷害影響到最低。下次各位有機會到百貨公司地下停車場樓層，就不妨注意角落多半有大型截油槽設施和廢油收集桶在旁邊，我想這也是為什麼多數百貨公司習慣將美食街樓層放在地下室的原因之一，避免大型的截油槽影響其他專櫃樓層（**圖5-6**）。

(二)往復式截油槽

這種截油設備採不銹鋼材質製作，和前述介紹的簡易型截油槽同樣擁有第一槽的除渣功能，並且同樣需要人工定時清理提籠內的菜渣。當

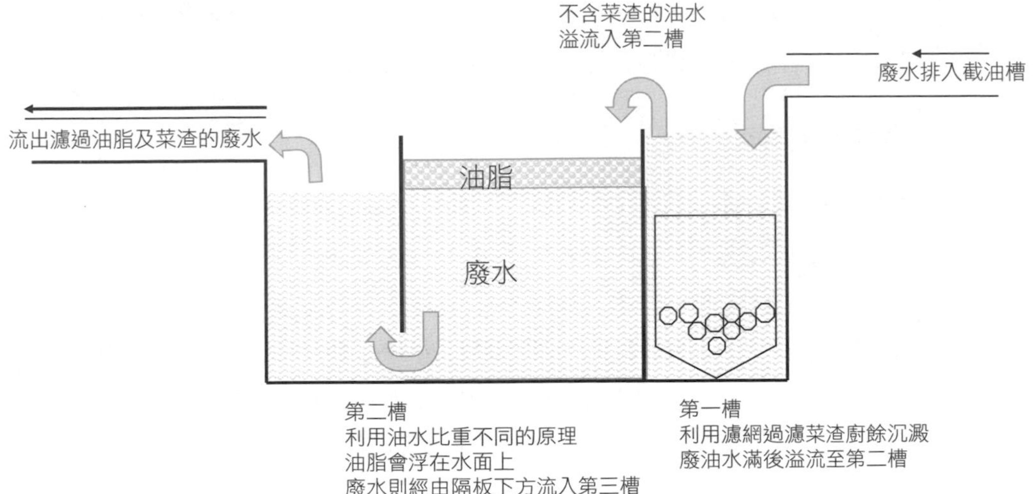

圖5-5　簡易型截油槽剖面圖

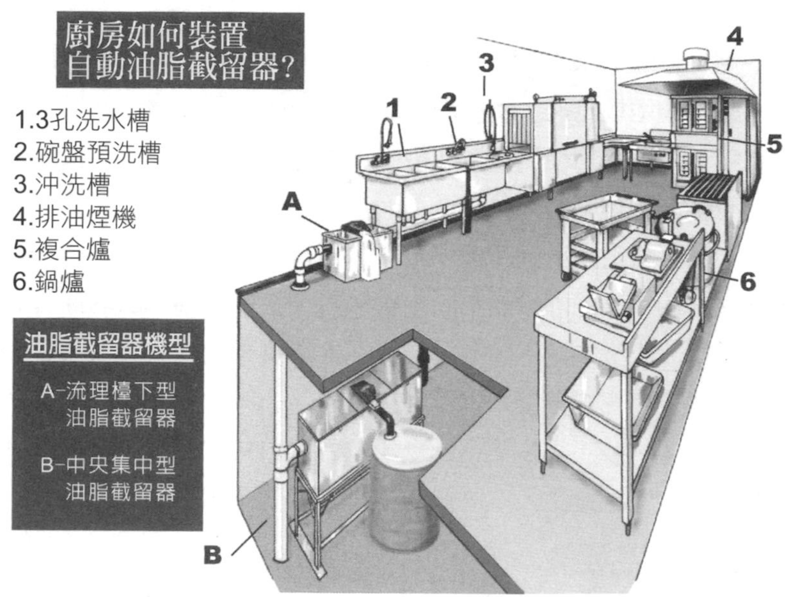

圖5-6　截油槽後汙水又進入賣場大型截油槽進行第二次攔渣截油程序

廢水溢流至第二槽後，也就是往復式濃縮刮除槽，由銅製往復式螺桿製成。其不鏽鋼刮油板並依螺桿之往返而改變其傾斜度，以增加刮油的效率並減少含水量。刮除起來的油脂被帶入另一收集槽內存放，但是因為油脂容易凝結反而容易造成油脂在收集槽內結塊（**圖5-7**）。

(三)鋼帶式刮油機

是目前用以去除一體表面浮油最通用的設備之一。它有低耗電、不需任何耗材能有效地去除水中的各種浮油，包含機油、煤油、柴油、潤滑油、植物油及任何比重小於水的油脂，且不論油脂的厚度厚薄都能有效做到油水分離進而回收廢油的目的。其作用原理乃是利用油水之間不同重力和表面張力的特性，當刮油帶穿過水面時吸取並且帶走浮在水面上的油脂，適用於餐飲業中央工廠或大型團膳工廠，以及各種工業如修車業、汙水處理廠、煉油廠甚至油田（**圖5-8**）。

鋼帶式刮油機的主要特點：

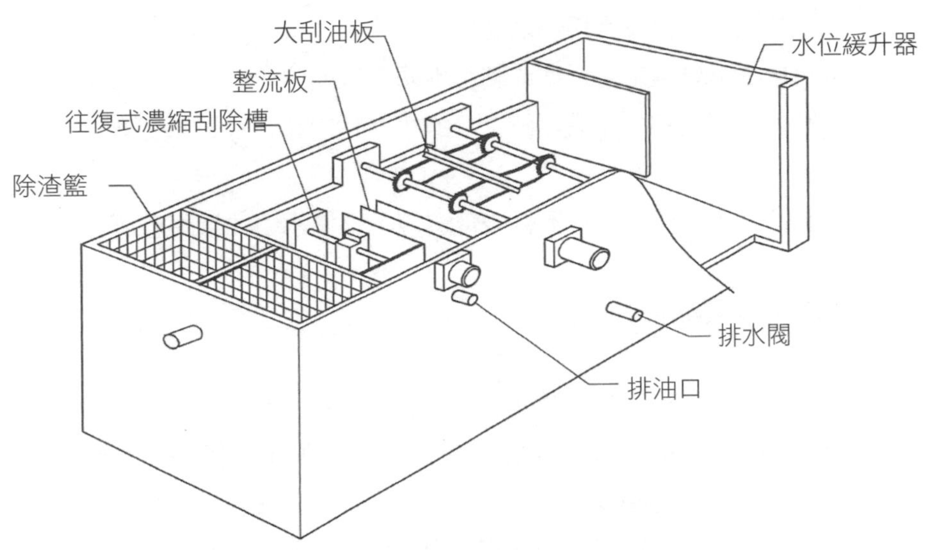

圖5-7　往復式刮板機結構圖

圖5-8　鋼帶式刮油機

1.特殊不銹鋼環帶，吸油性強，即肉眼望去五彩之油膜皆可吸除。

2.刮出的油含水量極低，便於回收利用。

3.刮油刀片為可調式，達到最佳的刮除效果。

4.可在強酸強鹼環境下使用，使用溫度可超過120℃。

5.鋼帶長度可根據客戶要求製作。

6.可根據需要選用普通型或整套不銹鋼型或防爆型。

7.時間比例控制（定時開關），24小時內設定自動開機運轉工作或關機。

8.調速電機帶轉，磁性滑輪帶轉鋼帶，根據水中油量調整運轉速度。

三、廢油收集廠商回收

有鑑於全台一年餐飲業的廢食用油總量約6～8萬噸，但廚餘總量卻無明確統計，衛福部食藥署擬定「餐館業事業廢棄物再利用管理辦法草案」，自2016年起陸續要求全台八萬五千多間餐廳、自助餐店、速食店等餐館業者，未來必須將廢食用油交給由環保署登記列管在案的專業廠商進行回收，而且雙方必須簽訂契約，確實登錄數量、流向，並且保存五年供衛生單位稽查。換言之，如果餐廳未能向主管機關出示廢油去向都將受到裁罰，以藉此杜絕廢油流入不肖的業者進行重製危害食品安全。這類相關的法令都在行政院環保署有明文專法規範，各縣市政府也都必須遵循中央的母法再配合地方客觀條件做細節上的規範。餐飲業者可以上環保署網站查詢相關Q&A（**圖5-9**），並且可以找到由環保署列管登記在案的合法回收業者，自行聯絡議價回收處理（**圖5-10**）

圖5-9　環保署公告設液廢食用油管理辦法

圖5-10　環保署公告廢油清除機構

第三節　空汙防制設備

多年來，餐飲業在環保爭議上最常遭到國人詬病，尤其是街坊鄰居抗議的議題莫過於油煙排出所產生的噪音、熱風、油膩、味道帶給過往行人和街坊鄰居的不適感。多年累積下來甚至造成排煙口附近的牆面、窗戶油漬沾黏進而引來蟲鼠。尤其是這幾年民眾環保意識抬頭，對於居家生活品質的關心，加上法令的配套，讓餐飲業不得不導入各項設備來解除這些民怨。當然，有良心有制度的餐飲企業，其實也早在二十多年前就已經不計成本導入這類設施，這些年來隨著科技的進步和使用經驗的累積，設備的效能也愈來愈好，量產之後也帶動價格的下跌，讓更多的餐飲業者有能力導入這些設備，一起來為我們的環境盡一分心力。

一、排煙罩

顧名思義就是利用馬達帶動風扇抽走廚房爐灶烹煮炒炸所產生的油煙，以維護廚房的空氣品質。廣義來說，排煙罩排出的不只是油煙、燃燒不完全產生可能致命的一氧化碳、人體呼吸產生的二氧化碳，甚至是廚房的水蒸氣也是排煙罩排出的對象，讓廚房的整體空氣品質能夠獲得改善，進而讓在廚房工作的人員能夠在一個比較良好的空氣品質工作場所。

排煙罩的設計做法有好幾種，從最簡單單純的排煙搭配油煙擋板，讓油煙熱氣在撞擊擋板的同時附著在擋板上。這就好像前述提到油煙未經處理排出，長期下來造成周邊環境牆面油膩汙黑道理是一樣的。想想看，有時候我們在電視新聞上看到車禍肇逃的案件，警察也容易從遭到碰撞的路樹、電杆或車輛上找到肇逃車輛的烤漆漆片，進而推斷肇逃車輛的車色，正所謂凡走過必留下痕跡。**圖5-11**就是傳統擋油板排煙罩的設計原理，油煙被吸入煙罩後經過不斷多次的和擋油板撞擊而留下油漬在擋板

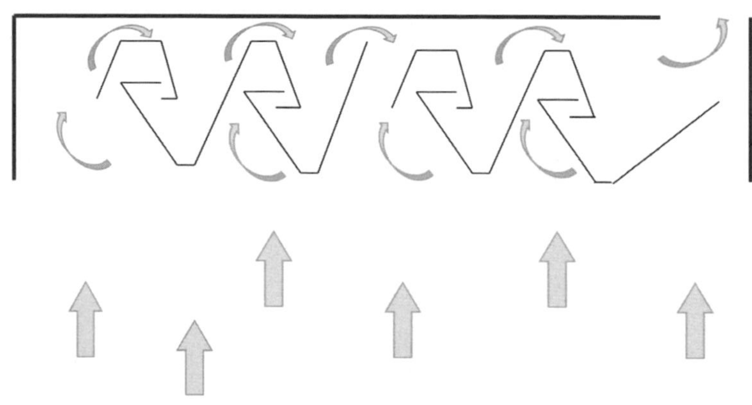

圖5-11　擋油板構造

上，然而這樣的攔油效率畢竟不夠好，每次的撞擊和轉折都是風力的衰減，油煙排出後縱然油氣減少，但是溫度還是降不太下來。而且定期拆下擋油板清洗時，因為長期的附著和高溫讓油汙不易從擋油板上洗淨。

新式的排煙罩則附掛著水洗功能，透過噴水孔和加壓馬達在排煙罩內噴出一道水幕，讓油煙要排出必須得經過水幕，藉由高壓水幕將空氣中的油氣分子撞擊、降溫進而留在排煙罩內。而排煙罩內的噴水水幕則是個內循環的系統，搭配滿水位的排水孔和自動補水裝置，讓排煙罩內的水能保持在一定的水位高度，過多則排出，不足則自動補水。而更有趣的是當關機時機體內部水位呈現靜止狀態，吸附下來的油漬自然會浮於水面上，補水時造成水位溢滿首先被排出的當然就是我們想清除掉的油汙，充分利用油水的物理特性來清出排煙罩內的油汙（圖5-12、圖5-13）。

二、水洗機

水洗機說穿了就是礙於排煙罩有時候機體內部過小或成本考量，而把前述水幕式排煙罩的水洗功能移出到別的地方，自成一個獨立設備。畢竟廚房內有時候會有多處建置排煙罩，如果每組都內建水幕設備除了成本之外，管線的配置和體機的考量也是問題。於是有些餐廳會統一採用擋板

圖5-12　內建水幕設施的排煙罩

式油煙罩，直到進入油煙罩後端的排煙主幹管後，再牽引到戶外或屋頂區域，讓這些經過簡單擋板式油煙攔阻之後的廢棄，再進入水洗機內進行第二次的油汙攔截並且降溫。這也不失是一個好方法，多一道防線多一層功效。當然，如果有良心業者願意在餐廳廚房排煙罩內就建置水幕設施，然後將經過水幕截油後的廢棄再次經過水洗機，以確保油汙完全都在排出大自然環境前能夠被降溫並且攔截乾淨。

三、靜電機

和前述的擋油板、水洗機在設計上有明顯不同，但不變的是都是利用物理的原理來攔住油離子。靜電機內的幾個主要構造包含變壓器、電控箱、濾網、靜電板、高壓泵浦、清洗水箱這些主要的模組（**圖5-14**）。

設備規範書

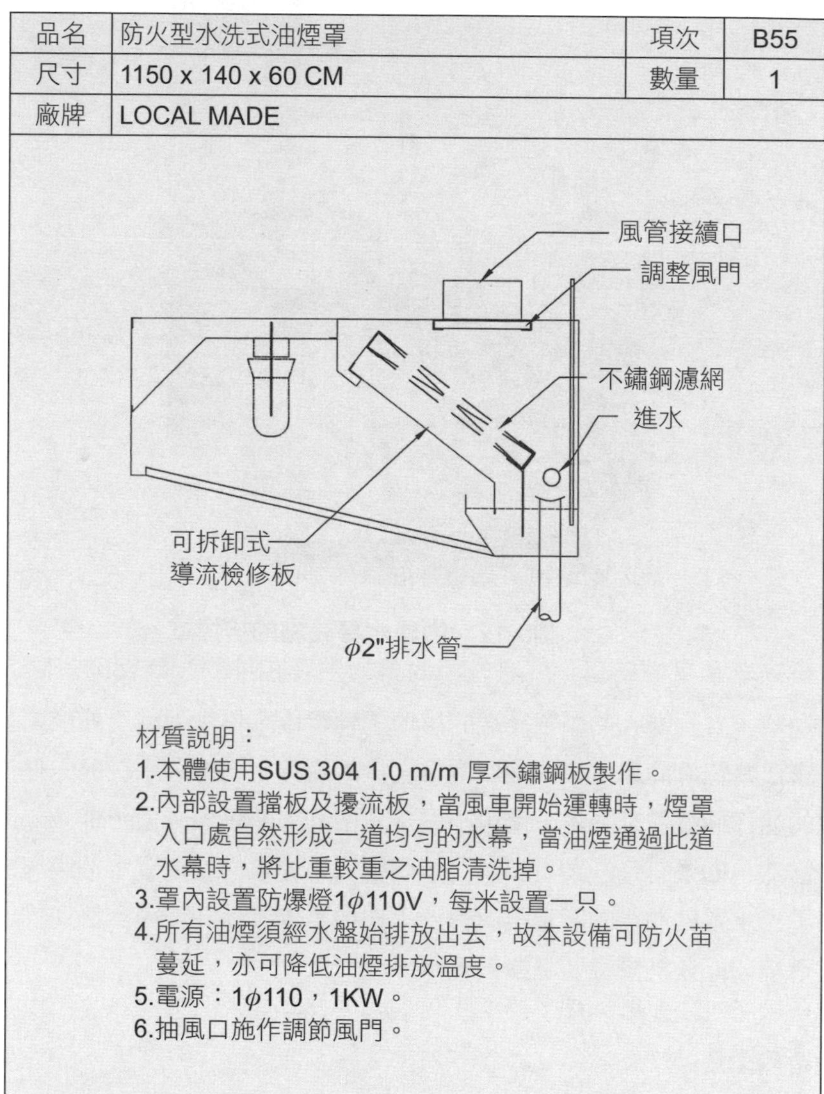

品名	防火型水洗式油煙罩	項次	B55
尺寸	1150 x 140 x 60 CM	數量	1
廠牌	LOCAL MADE		

材質說明：

1.本體使用SUS 304 1.0 m/m 厚不鏽鋼板製作。
2.內部設置擋板及擾流板，當風車開始運轉時，煙罩入口處自然形成一道均勻的水幕，當油煙通過此道水幕時，將比重較重之油脂清洗掉。
3.罩內設置防爆燈1φ110V，每米設置一只。
4.所有油煙須經水盤始排放出去，故本設備可防火苗蔓延，亦可降低油煙排放溫度。
5.電源：1φ110，1KW。
6.抽風口施作調節風門。

圖5-13　水幕式油煙罩內部構造

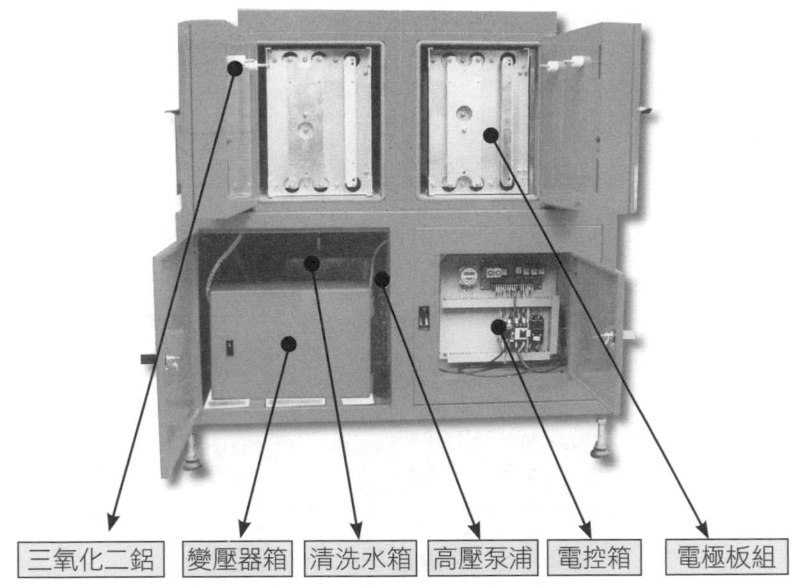

圖5-14　靜電除油機內部圖解

變壓器和電控箱負責整套設備的電力供應和控制，濾網則是阻隔過濾較大的粉塵粒子，避免過度衰減電極板的效能，而能夠通過濾網的油離子相對體積就小得許多（**圖5-15**），這些油離子來到電極板區之後，首先油離子會來到高壓電極板區，電極線會產生高壓放電讓油離子因此附上正電離子，然後這些帶有正電離子的油汙就會接著來到帶有負電荷的極板區，透過正負相吸的原理讓油氣迅速被負極電板所吸附，達到攔截油汙的效果，最後成為乾淨不帶油汙的空氣被排出（**圖15-16**～**圖15-20**）。

而高壓泵浦和清洗水箱的功能，則是負責將每天吸附滿滿油離子的集電板清洗乾淨。然而日積月累下來難免會有清洗不淨的情況，並且進而造成集電板無法繼續有效的帶有負離子來吸引正離子的油氣，讓整個機組的效益不斷衰減。因此定期請廠商將集電板拆下回廠重新整理發揮該有的攔帶負離子的功能。所以在購買建置靜電機的同時，通常也可以一併和廠商討論將來的保養時程、價格，一併列入考量！

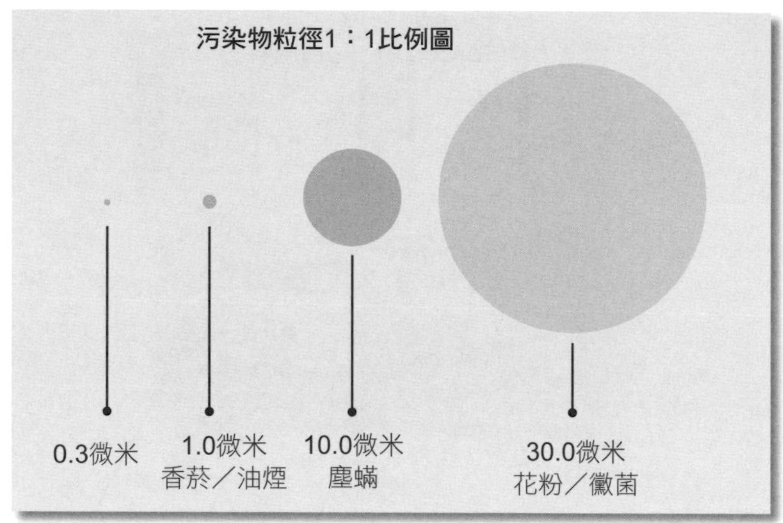

圖5-15　油煙粒子大小示意圖

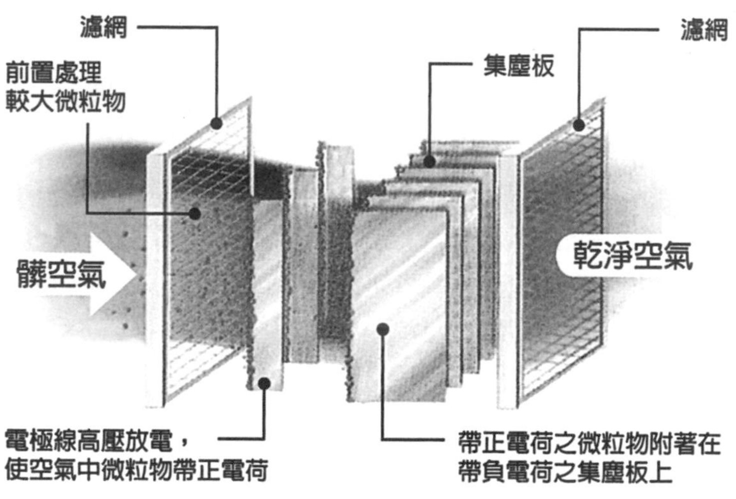

圖5-16　靜電除油原理

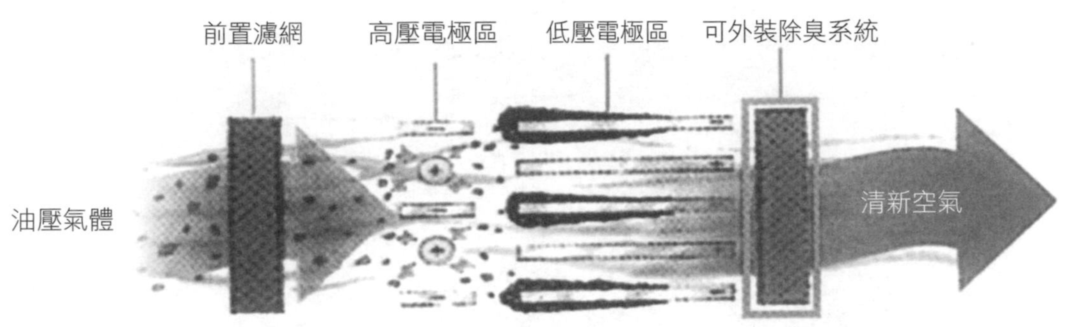

圖5-17 靜電除油原理

圖5-18　戶外型靜電機控制面板

圖5-19　良好的風管弧度和出口角度可避免影響排風效率

四、活性碳除臭設備

這套設備是前述幾套排煙設備的最後一套選擇性設備。為什麼會說它是選擇性設備，是因為它的主要功能是除臭，然而餐飲料理系別眾多，每種料理產生出來的味道所造成的不適感也不相同。而當中最常被人詬病的如帶有藥材原料的麻辣鍋、養生鍋，畢竟這些味道並非大家能接受

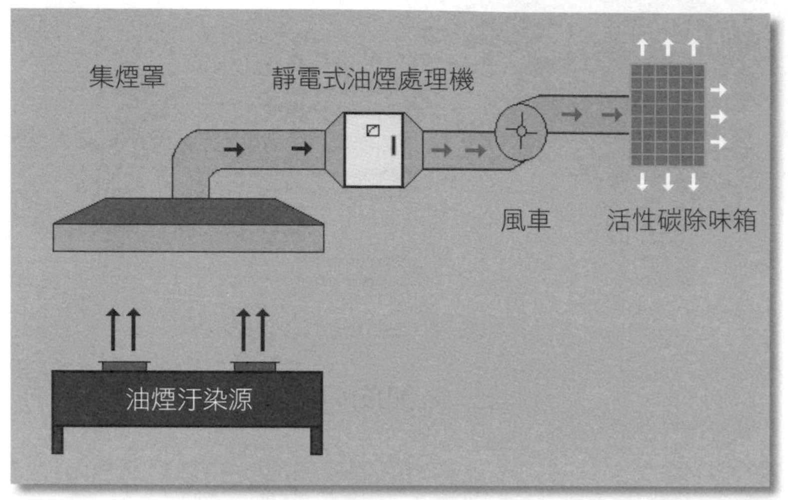

圖5-20　靜電式油煙機風管圖解

的味道，此外，燒烤業、鹹酥雞以燒烤或油炸為主的餐飲業，還有如臭豆腐、臭臭鍋、麻辣鍋這些重口味的餐飲品項就成了裝設活性碳除臭設備的首要業者。當然，除了餐飲，活性碳設備也被大量使用於工業環境、工廠、噴漆廠等場所（圖5-21）。

圖5-21　大型工廠用活性碳設備外觀

當廚房的廢氣排出經過了水洗、降溫、截油過程後，理論上對於環境的影響已經降低到不造成汙染的情況，但是食物烹飪過程中食材原本的味道卻無法在前述的過程中被改善，因此如果要加裝活性碳設備，就建議建置在最後一道程序。機體內除了有馬達風扇協助抽吸廚房排煙管排出的廢氣，讓這些廢氣被導引經過一個裝滿活性碳的網盒，利用活性碳吸附異味的天然特性，達到廢氣無味的目的，然後排出於戶外環境中（**圖5-22**、**圖5-23**）。

圖5-22　金屬網盒內的活性碳

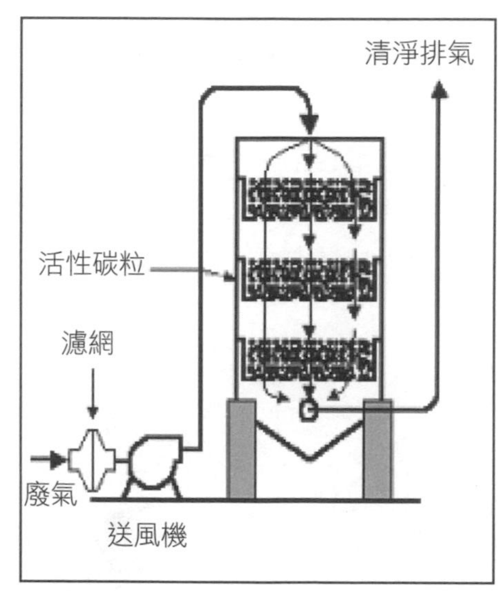

圖5-23　活性碳除臭設備工作原理

第四節　廚餘環保再生利用

自2017年上半年起政府對於餐飲業除了管制回收登記廢油的回收和去向追蹤之後，也開始著手規範餐飲業要對廚餘的產生進行管制回收並且進行登錄，以確保廚餘被再生利用造成食安風險。

這項措施使得餐飲業者不能再像過往一樣，隨意和一個不知名的回收業者合作定期來餐廳收走廚餘，而是必須和登記立案的合法廠商進行配合，並且完成登錄於主管機關的管理系統內，然後依照廚餘產生的重量付費請業者清運帶走。這除了會直接造成餐飲業者的管理成本之外，有些偏遠地區甚至曾經發生全縣沒有合法登記立案的業者，難不成要這個縣市的餐飲業全數歇業？對於偏遠區域（海邊、山區風景區的咖啡簡餐餐廳）要請回收業者千里迢迢而來只為了區區幾公斤的廚餘，當然也不會有業者願意前往配合，因此廚餘環保再生設備就成了另外一個可以考慮的選項。

一、廚餘分解機（圖5-24）

這是目前餐飲業如果沒有完全委外回收廚餘的前提下較多業者採取的選項，其作用原理則是利用添加分解微生物搭配空氣（氧氣）和水進行自然的分解程序，達到對環境最無負擔的廚餘分解效果。廚餘在被進行簡

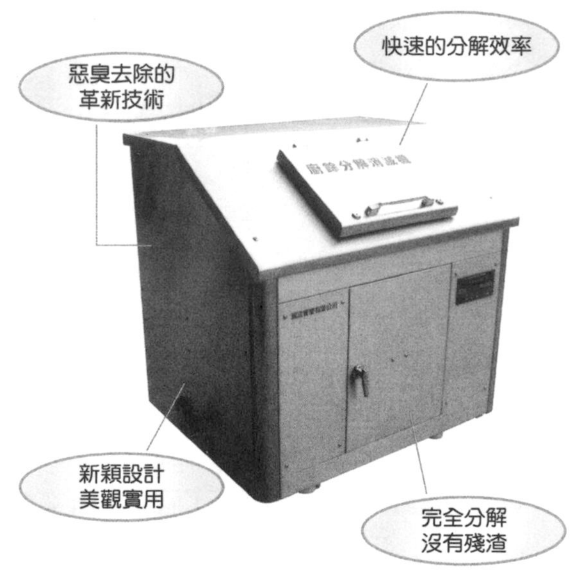

圖5-24　廚餘分解機

單分類排除無法進行分解的大型廚餘如豬骨頭、牛骨頭後，就可以投入分解機中（**表5-1**）。此時分解機會進行簡單的攪拌和噴水，讓機器內預先投入的分解微生物能夠充分和水及廚餘混合，以達到分解的最佳效果。在初期分解中機器會不定時進行再灑水與再攪拌動作，讓其中空氣可以順利排出，在經過多次脫水程序後，最後水分也會被排出，讓廚餘能在24小時後完全分解（分解作用原理如**圖5-25**，分解程序如**圖5-26**）。分解機的好處是只須將廚餘作簡單分類避免投入無法分解的食材、短時間內（24小時）完成脫水分解，投入前不需預先脫水，而且衛生乾淨沒有廚餘殘渣得再處理，再者，操作便利，每月投入一次微生物即可，算是相當方便環保的廚餘處理方式，但業者使用率不高，仍須主管機關多宣導或透過法令配套，並且以獎勵補助方式鼓勵業者投資這項設備。

表5-1　廚餘分解機可分解種類

類別	食物
澱粉類	米飯、麵類、馬鈴薯、地瓜……
蔬菜類	各種葉菜類蔬菜，菜心、菜梗及根莖類蔬菜需較長時間分解
肉類	各式肉類、脂肪、筋膜、皮
骨頭	一般家禽類骨頭或魚刺等較小型骨類
水果	果核、籽、皮、屑
其他	蛋殼、蟹蝦殼都需較長時間進行分解

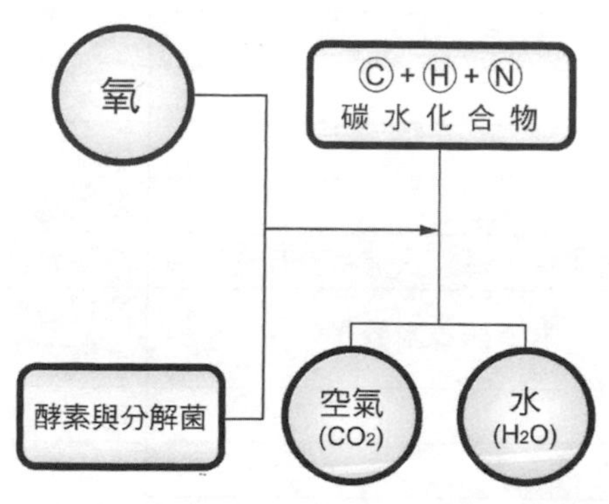

圖5-25　廚餘分解原理

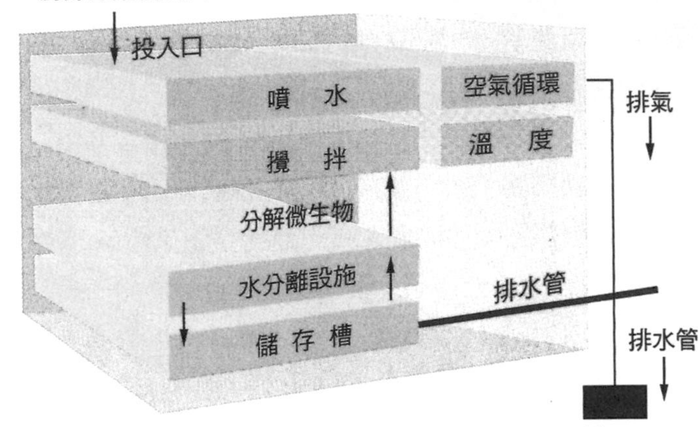

圖5-26 廚餘分解過程

二、廚餘發酵堆肥機

這項設備因為需要長時間加溫以利發酵，並且在過程中會產生味道，而且無法完全處理廚餘，仍會在完成堆肥後產出約20%的殘渣等等各種不方便之處，因此鮮見採用。和廚餘分解機的特點比較詳見**表5-2**。

表5-2 廚餘分解機與廚餘發酵堆肥機之比較

區分	廚餘分解機	廚餘發酵堆肥機
功能	沒有惡臭可置於室內	一天需加溫20小時，容易產生臭味
	沒有殘渣殘留	每天約有20%殘渣排出需要處理
	不必脫水即可投入	先脫水後放入
	菌床可永續使用，每年只需補充5～10%	微生物菌要隨時與廚餘一起投入
	可連續投入且不須保存廚餘	不可連續投入且須保存廚餘，環境維護不易
價格	低	高
設置地點	可置放室內	一定要置放於室外
管理維護	約為廚餘發酵堆肥機的1/10	昂貴且附帶工事費用高

第五節　消防規劃與設備

近年礙於消防法規日漸完備且民眾對於公共場所消防安全議題愈來愈有正面認知的觀念，身為餐飲業者抑或是百貨商場業者，都在逃生通道規劃、消防及避難設備的配置愈臻完整。每個餐廳都會因應其營業坪數、所在大樓使用執照目的，以及所在的樓層而有不同的消防設備安全規範。

簡單的小規模餐飲業者簡單配置滅火器、逃生避難方向指示燈牌、廣播設備就足以應付法規和實際滅火及逃生需求。而複雜的大規模餐廳商場，或高樓層、地下室的餐飲業者，或挑高設計、樓中樓的餐廳則面臨的消防法規相對嚴苛許多，以確保消費者逃生避難的安全確保。此時，諸如緩降機、防煙垂壁玻璃、完整消防區劃並以防火建材確實隔絕、消防栓、自動灑水系統、自動警報系統、防火區隔鐵捲門自動降下，甚至確實檢討逃生步行距離和路線都變得更嚴謹，這當然也大幅增加了餐廳業者在消防業務上的投資金額，一家200坪的餐廳投資在消防上的預算高達百萬是司空見慣的案子。因此餐飲業者在投資餐廳時所做的財務預算規劃，這塊消防設備預算絕對無法忽視，也直接影響了餐廳開業之後的社會觀感形象和每月反映在財務損益報表的折舊攤提金額，不得不讓業者正視這個構面所帶來的預算花費。

一、消防設備

本章簡單介紹常見的消防設備，讀者平常在百貨商場公共場所消費逛街時，也不妨多做消防逃生避難的動線和設備的觀察，既維護自身安全也增加消防業務的相關知識。

(一)滅火器

這是一般民眾最熟悉不過的滅火設備了，紅色的鋼瓶外型各種尺寸都有，多年來在消防主管機關的強力宣導教育下，「拉、拉、壓」的口訣更是朗朗上口。使用時只要拉出噴嘴軟管朝向火點、拉出安全插銷後，就可以壓住握把控制噴出的乾粉達到滅火的目的。滅火器平日應擺在明顯或容易發生火警的地點或壁掛於牆上方便第一時間取得，並定期檢查壓力表指針是否停留在合理壓力範圍，以及有效期限是否到期需要重新充填（**圖5-27**～**圖5-30**）。

圖5-27　滅火器應吊掛牆壁或以專屬器盒收納

圖5-28　選擇合法登記之製造廠商並定期檢視滅火器效期

圖5-29　拉環應確實插牢且維持尼龍束帶繫妥以免安全插銷脫落

圖5-30　滅火器壓力表

(二)自動灑水頭

自動灑水頭接有消防專用水管與消防專用水塔，以確保水源充足並且有足夠的水壓以確保擁有完整的消防滅火能力。灑水頭無須接電源也無須其他外力控制，單純只是利用上面一個玻璃管作為止水閥，玻璃管內盛裝有酒精，當室內溫度高於68℃時酒精會因受熱沸騰而膨脹進而造成玻璃管爆開，失去止水功能而讓消防灑水頭開始噴灑。正常的情況下每個灑水頭可以覆蓋260公分直徑的圓型面積，因此每隔260公分就應配置一個灑水頭，期間如果遇到裝潢遮蔽物吊櫃等阻隔，則應配合加裝灑水頭以確保所有面積都被灑水頭完整涵蓋（**圖5-31～圖5-33**）。

(三)排油煙罩化學滅火噴頭

廚房裡最具火災條件的地方無非是熱廚區域，舉凡瓦斯爐、烤箱、油炸爐、炭烤爐都是存在明火的設備，也因此這些設備上方自然都會加裝排煙罩和水洗設備，以排除油煙熱氣，維持廚房空氣品質（詳參閱第三章第一節）。而這些排煙罩內也多半會配置滅火設備，以爭取萬一產生火災時第一時間的滅火。

圖5-31　消防水管以紅色區分，依法於規定位置設置灑水頭

圖5-32　如有天花板則灑水頭應配合下降外露於天花板下

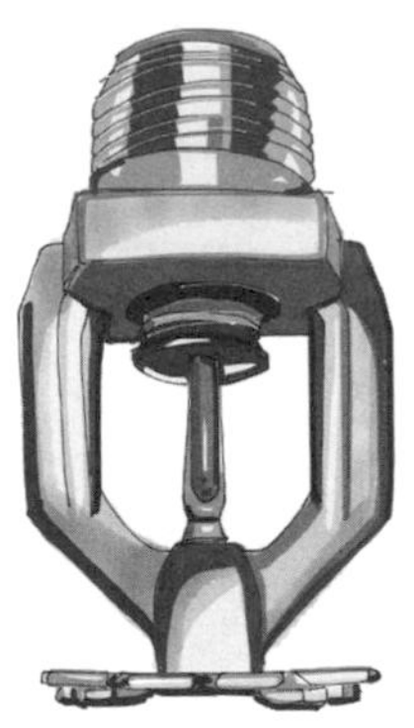

圖5-33 灑水頭設計構造

資料來源：design x boco網站

此種裝置其主要的建構元件有自動熱融式感應器、系統噴放控制器、藥劑鋼瓶、手動遮斷閥、藥劑噴嘴、手拉釋放閥及藥劑管路等。平常的保養主要是檢點藥劑鋼瓶壓力是否正常、藥劑噴嘴應定期擦拭避免阻塞。當火警發生時，應立即關閉瓦斯火源並使用廚房專用的滅火器進行滅火，或是直接以手動方式釋放藥劑從爐火上方射出，達到撲滅火勢的目的。此系統因也配有自動噴灑裝置，當火源擴大周邊溫度提升後會自動誘發感應器動作，進而使滅火藥劑迅速釋出（參考**圖5-34**～**圖5-37**）。

圖5-34　凡是有熱源產生的設備上方都應建置排油煙罩

圖5-35　煙罩內應設有滅火噴頭，照明燈應配置防爆燈罩

圖5-36　排煙罩滅火系統噴放控制箱

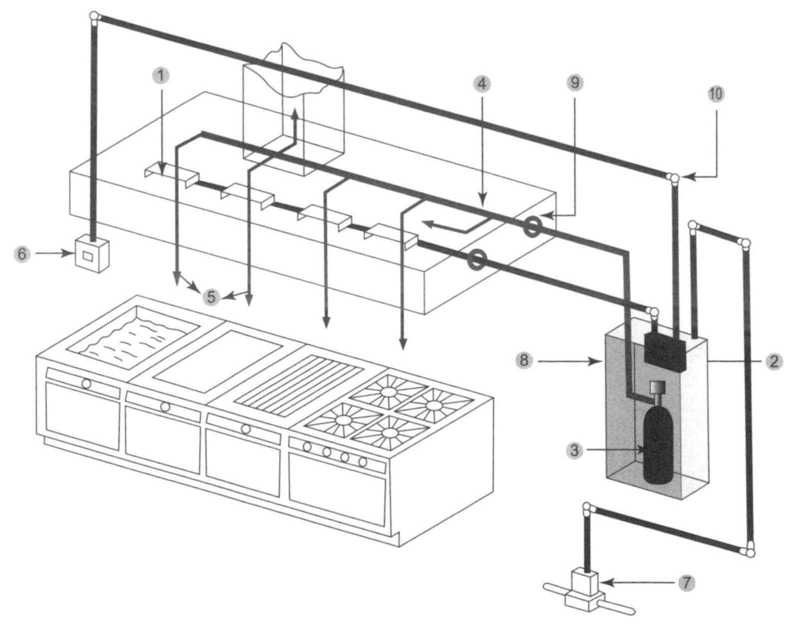

符號說明：
1.電氣或熔斷式熱感應器
2.系統噴放控制器
3.強化液藥劑鋼瓶
4.藥劑管路
5.各類型藥劑噴嘴
6.手拉釋放裝置
7.瓦斯遮斷閥
8.不鏽鋼鋼瓶箱
9.配管盒接頭
10.鋼索滑輪彎頭
P.S.部分產品為選購配件

圖5-37　自動滅火器之不鏽鋼鋼瓶箱箱內構造圖

(四)防火逃生門與通道（圖5-38、圖5-39）

依據內政部所頒定的《建築技術規則建築設計施工編》，第76條條文中所提到防火門窗指防火門及防火窗，其組件包括門窗扇、門窗樘、開關五金、嵌裝玻璃、通風百葉等配件或構材；其構造應依下列規定：

1.免用鑰匙即可開啟，並應裝設經開啟後可自行關閉之裝置。

2.單一門扇面積不得超過三平方公尺。不得裝設門止。

3.門扇或門樘上應標示常時關閉式防火門等文字。

4.利用煙感應器連動或其他方法控制之自動關閉裝置，使能於火災發生時關閉。

5.防火門應朝避難方向開啟。

6.防火門窗周邊十五公分範圍內之牆壁應以不燃材料建造。

圖5-38　防火逃生門

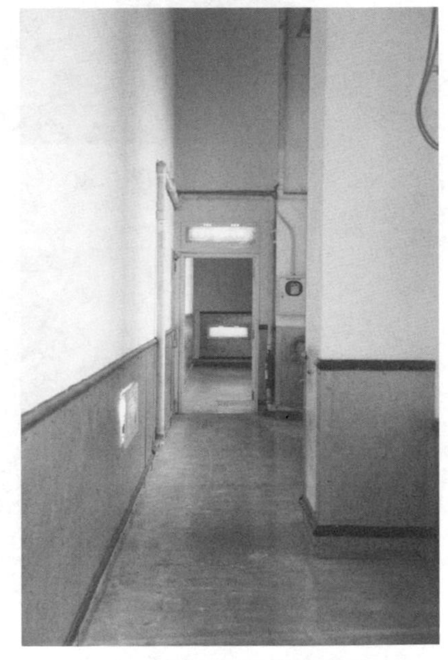
圖5-39 防火逃生通道

之所以會有上述的詳細規定，主要乃是因為有太多的火災案件往往因為逃生門逃生走道規劃不良或是未依規定保持走道淨空，甚至將逃生門上鎖致使人員無法順利逃生而訂定。為避免憾事一再發生，所有餐廳百貨業者及任何公共場所均應確實落實逃生避難門及走道的良善管理，保持暢通維持1.2公尺以上淨寬、搭配逃生避難方向指示燈、緊急照明燈（**圖5-40**、**圖5-41**），必要時地上可以貼上或漆上導引方向指標，逃生門則保持關閉不上鎖的狀態，隨時可以推開逃生。

圖5-40　逃生避難方向指示燈

圖5-41　緊急照明燈

(五)手／自動消防警報設備

這項設備的主要功能在於產生消防警報聲響提醒人員儘速離開火災現場。火災警報設備會與高溫感知器進行連動後發出警報，甚至又與大樓中控室裡的警報系統連線，讓大樓保全第一時間知道火災警報的精準地點，方便救災並協助人員疏散。這項設備屬於消防起火點的場域概念設計，因此即使火災狀況解除也必須回到原始發報的警報器利用手動方式解除，以確保火災起火點已經確實回歸安全狀態。消防警報設備也可以不待系統感應發報而直接透過目擊者提前按壓警鈴，達到提早警示救災以及人員疏散的目的（**圖5-42**）。

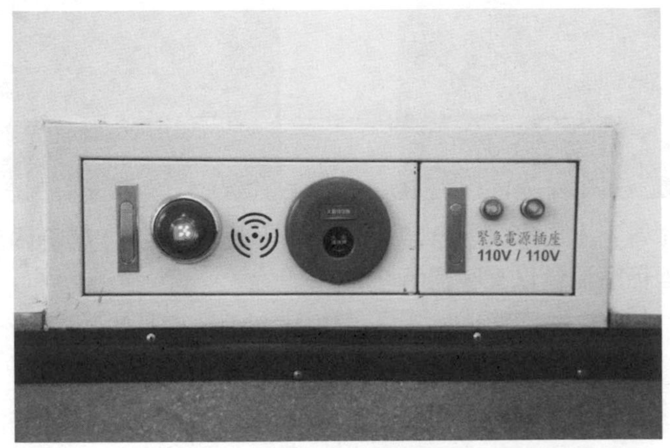

圖5-42　手／自動消防警報設備

(六)消防栓、水帶、瞄子

依照《各類場所消防安全設備設置標準》第三編第一章第一節第31條至38條對於室內消防栓的配置及規格都有詳細的規範。而在裝設上必須能夠顯而易見，不被任何裝飾物或室內裝潢所遮蔽或掩蔽。除了定期的消防演練之外，平時應將消防水帶整理好掛附在箱內的掛勾上，避免緊急時卻因為水帶未善加整理而影響救災時效。消防瞄子則可透過手動旋轉改變噴水的型態，例如水柱以滅火為目的，水霧用以降溫協助現場人員避免灼傷（**圖5-43**、**圖5-44**）。

圖5-43　水帶箱出口可以配合裝潢作美化但仍應清楚以文字標示

圖5-44　水帶箱內部擺設

(七)瓦斯偵測器

瓦斯偵測器分為連線或獨立兩種款式。連線款式會和火災受信主機連線，當發現有瓦斯漏氣濃度超標時，偵測器除了會發出警告聲之外，也會將訊號傳向受信主機讓中控室人員掌握情況立即應變處理。當問題排除後也必須回到原始發報的瓦斯偵測器做復歸動作，如此中央受信主機才能夠完成一切復歸恢復常態警戒狀態（**圖5-45**）。

(八)消防排煙閘門

消防排煙閘門在火災發生時扮演非常重要的角色，透過其強力的排

圖5-45　瓦斯偵測器

煙能力讓身處火場的人員能夠降低被濃煙嗆傷的機率。這項設備採自動感應啟動，一般來說它是透過偵煙探測器感應到濃煙超過警戒值後，隨即將訊號傳送回受信主機，再由受信主機釋放啟動訊號讓排煙設備立即啟動。每台消防排煙閘門的排煙功率都是經過計算，依照室內面積和天花板高度算出所需的排煙能量，進而決定安裝的數量和排煙效能。不同的消防區劃空間也應獨立計算所需的排煙閘門數量，以確保每個區化空間內都有排煙閘門設備以保障人員安全（**圖5-46**）。

(九)瓦斯遮斷閥

瓦斯遮斷閥主要的動作原理式和瓦斯偵測器產生連動。當瓦斯偵測器感測到有瓦斯外洩時就會將訊號傳送到瓦斯遮斷閥，並隨即將瓦斯總開關自動關閉以避免災害擴大。對於瓦斯恢復供應的條件，則必須找出原始發報的瓦斯偵測器是哪一顆（通常會有LED燈閃爍顯示），進行復歸確認狀況排除後瓦斯才能夠恢復供應（**圖5-47**）。

圖5-46　消防排煙閘門

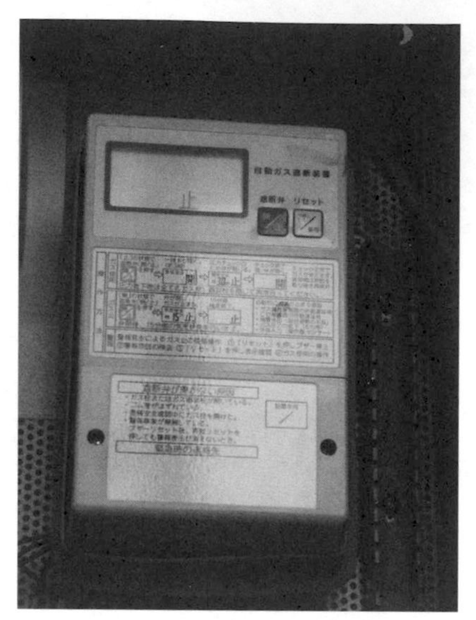

圖5-47　瓦斯遮斷閥

二、公共場所消防檢修安全申報

公共場所在配置了大量的消防設備之後，並非如此就可以高枕無憂！其實災害的預防最重要的關鍵因素之一就是災害發生時，這些平常備而不用的消防救災設備是否能夠發揮養兵千日用在一時的效果。萬一在救災當下卻發生滅火器施壓、過期、消防栓沒有水源、緊急照明燈照明不亮，那就枉費了配置這些設備，並且也可能斷送了人員逃生的契機。因此，定期完整的消防設備檢修並且申報就成了重要的課題，讓消防的預防觀念能夠更加落實執行。

依據84年8月11日所頒定的《消防法》就明定了消防設備檢修申報制度的相關規定，將過去由各縣市消防單位所執行的檢查業務轉由每半年（或一年）由合格的專業機構或是消防設備師（士）定期為公共場所進行消防設備的總體檢，並且代為向消防單位完成申報以示負責。當然，消防單位仍會在收到由消防設備師（士）所代為申報的消防設備檢修報告之後，不定期的再做複檢，而受檢單位可以請消防設備師到場陪同受檢。消防署最新公布的消防檢修申報制度可以上網瀏覽（**圖5-48**）。這項檢修安全申報長年來落實執行的結果讓公共場所不得不認真面對，對於有缺失無法在期限內改善的場所，消防單位甚至會在場所門口張貼警告標章，並且將不合格場所的名單羅列於消防署的專屬網頁（**圖5-49**），讓訊息被揭露於社會大眾面前保障自身安全，也迫使將改善的壓力傳給業者。

圖5-48　消防署檢修申報制度網站

圖5-49　消防署公告不安全場所網頁

三、消防管理人及編組演練

有鑑於落實餐廳的平日消防業務有專人在關注並且配合執行，並且能夠透過業務專人定期組訓演練餐廳的同仁，以確保火警發生時所有人都能清楚各自的工作角色，不待分配立即執行完成救災、救護、導引、通報等角色。消防署推動多年的消防防火管理人制度，已經看到了成效。透過定期的開會、組訓、證照取得和定期複訓，讓防火管理人成為每家餐廳飯店的消防前哨尖兵，搭配防護計畫和任務編組，讓火災發生時產生的災害損失能夠降到最低。最新的相關法令規定可以上網瀏覽消防署的防火管理人專屬網頁（**圖5-50**）。

圖5-50　消防署防火管理人制度網站

Chapter 6

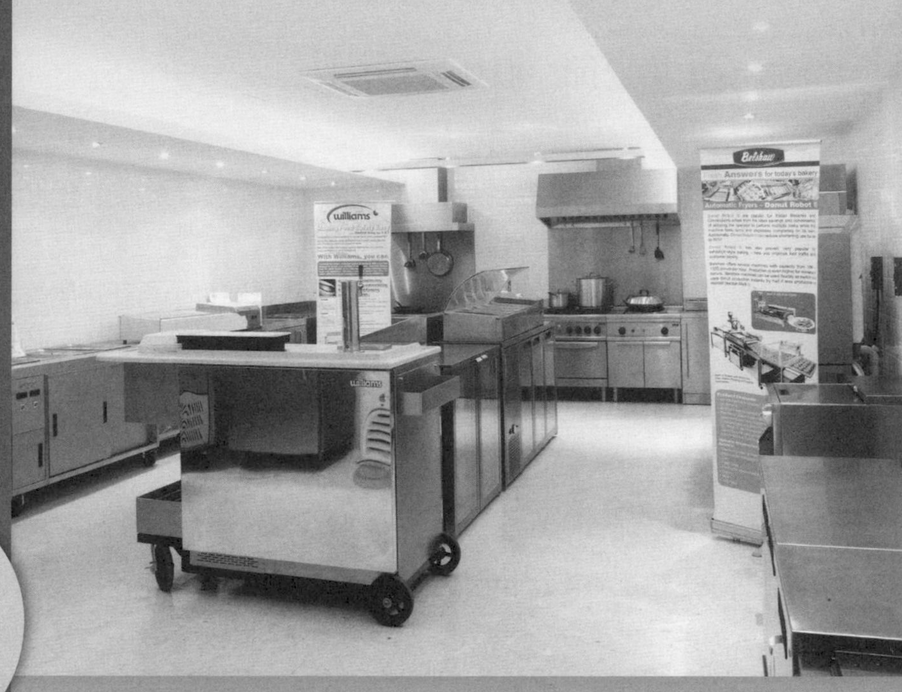

洗滌設備

- 第一節　概述
- 第二節　洗滌機型式
- 第三節　洗滌設備周邊設備
- 第四節　洗滌原理
- 第五節　汙物及清潔劑種類
- 第六節　洗滌機的機種選擇
- 第七節　新科技介紹

第一節　概述

餐飲業對於自動洗滌設備的需求近幾年來愈來愈明顯，以往只會在一般較正規的餐廳被引用，但是隨著人力吃緊、又搭配一例一休造成的人事成本增加、勞工工時和勞退提撥等議題都不斷在挑戰餐飲業者對於人力安排的難度和適法性。因此，自動化設備被考慮引進到一般小吃店的議題就不斷的在發酵。筆者曾經在羅東著名的肉羹店裡看到先進的洗滌設備，一來讓顧客看了安心，二來也省卻不少的人力，可說是一個不錯的雙贏策略。

早期洗滌設備多屬進口名牌產品，設備動輒數十萬元且規格選擇性少。但是隨著近年來業者使用的普及和實際使用需求，本地業者也不斷開發設計更符合本地業者（餐飲業種）的機型，除了價格大幅降低之外，彈性需求的尺寸規劃、更便宜好用的洗滌藥劑，還有良善快速的維修都是促成洗滌機普及的原因。當然，近年來甚至有業者推出租賃方式，讓業者多了新的選擇，讓資金調度更具彈性，甚至由提供機器的業者來負責保養維修，而餐廳業者只需付基本的月租費和清潔藥劑的費用，更是讓餐飲業的老闆們趨之若鶩。

第二節　洗滌機型式

一、全罩式

全罩式洗滌機在設計上算是方便順手。操作者利用洗滌機前端的水槽和工作檯面將餐盤逐一擺放好在洗滌架上，並經過簡單的沖洗除去表面殘餘的菜渣和油漬後，就可以輕鬆拉起全罩式洗滌機的外罩，然後順勢將放滿餐盤的洗滌架推入機器內，再將外罩蓋下來就能自動啟動設備進行洗滌。操作上既方便也相當節省空間，也可說是市場主流（**圖6-1**、**圖6-2**）。

Washing chamber

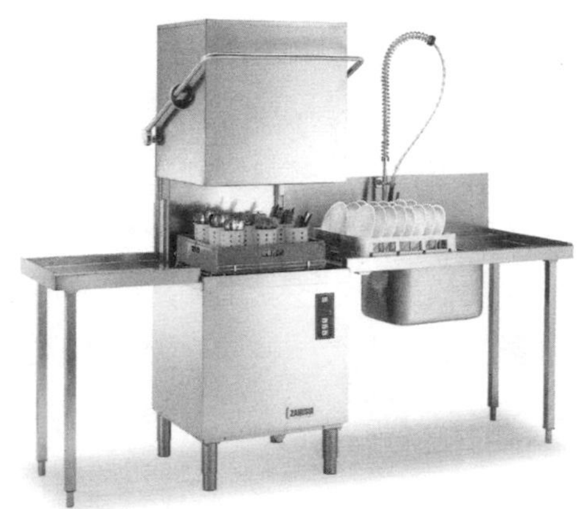

The high capacity 12 litre boiler and its installed power (9 kW) ensure that the water used in rinsing is always at a temperature of at least 82,5°C right throughout the rinse cycle thus ensuring the complete sanitation of the tableware in line with current international standards. The boiler "hold" mechanism prevents rinsing taking place until the water is at this required temperature.

圖6-1　全罩式洗滌機及周邊設備示意圖

圖6-2　全罩式洗滌機

二、履帶型

履帶型簡單說來就是透過馬達帶動履帶讓餐具自動進入洗滌機，並且從另一端離開洗滌機。對於大型餐廳的洗滌人員來說，是能提高工作效率的機型。常見的履帶型洗滌機有兩種，一種是操作人員將餐盤立在洗滌碗盤架上再往洗滌機推過去，洗滌機的履帶掛勾會自動勾附盤架並且拖進去機器內進行洗滌，再由機器的另一端被推出。另一種則是履帶本身就有碗盤架，操作人員可直接將餐盤直立在輸送帶上，就由輸送帶送進機器內洗滌。此款的洗滌機較不常見，因為洗滌量太大，較適合大型團膳或舉辦喜宴等大型餐會的宴會餐廳使用（圖6-3～圖6-6）。

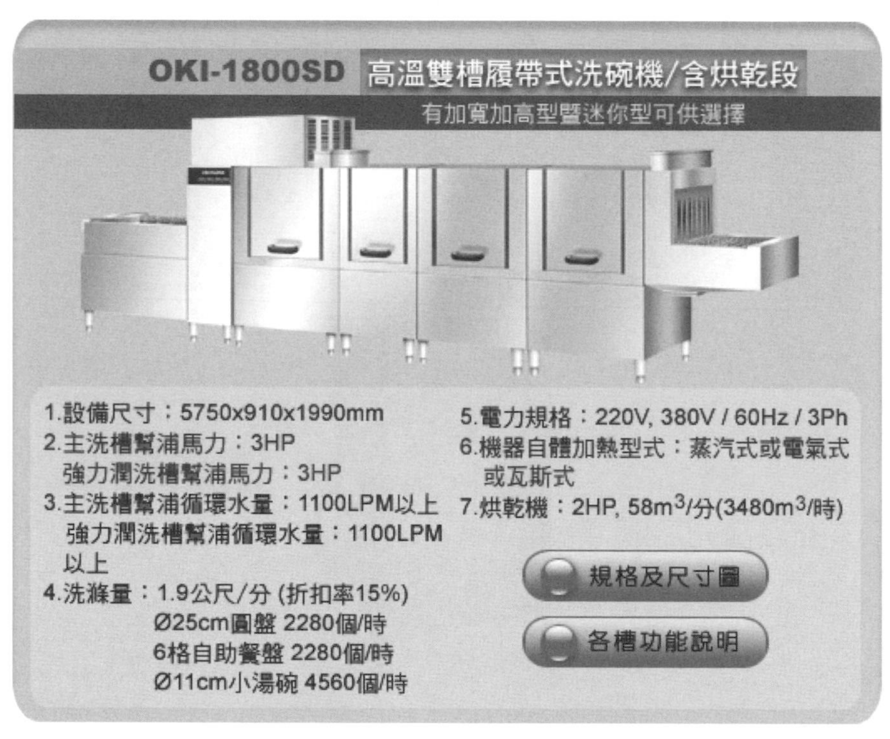

圖6-3　履帶型洗滌機

上述兩種機型不管是履帶式或全罩式的設計，操作者不需將裝滿餐具的盤架搬運進入洗滌機內，因為不論是全罩式或是履帶式，操作者都可以直接在水槽進行沖洗後，直接沿著工作檯推進機器內進行洗滌工作，省卻了搬運破損的辛勞和風險。

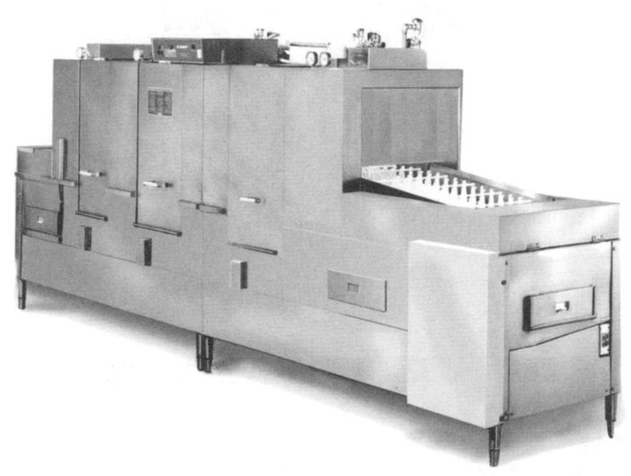

圖6-4　具有盤架的履帶型洗滌機

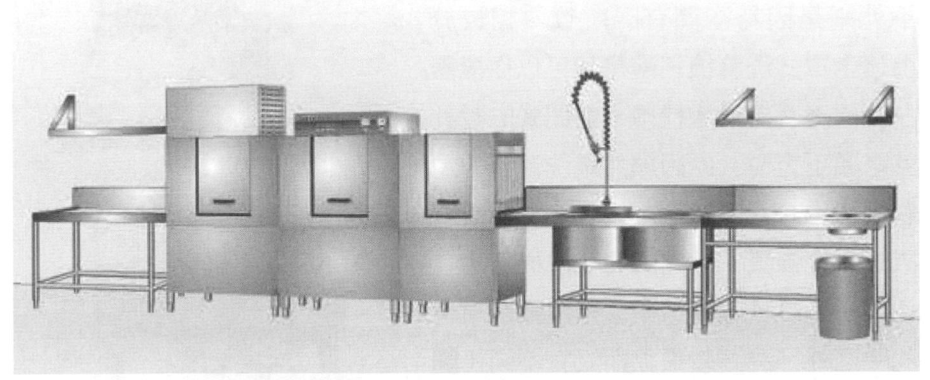

圖6-5　履帶型洗滌機及周邊設備規劃示意圖

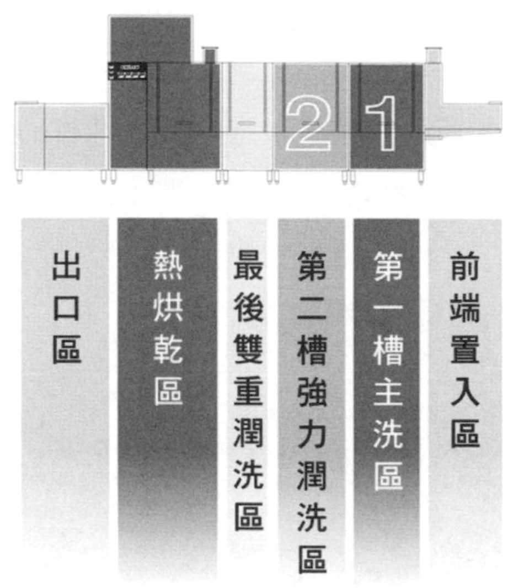

圖6-6　履帶型洗滌機各區功能示意圖

三、落地型前開式（Front Loading）

會有前開式設計的洗滌機出現，不外乎是因為空間有限所致。相較於上述全罩式洗滌機，碗盤架可以從機體左右兩邊直接滑入機體，前開式的設計就略顯不方便。原因顯然是洗滌機的左右兩邊另有其他用途，以致無法規劃全罩式的洗滌機。前開式的洗滌機除了有賴操作人員將碗盤架搬進搬出較麻煩也危險之外，洗滌效果上則沒有不同（**圖6-7**）。

圖6-7　落地型前開式洗滌機

四、落地檯面下型式（Undercounter）

檯面下型式的洗滌機（**圖6-8**）可以是洗碗機或是洗杯機，裝設的考量通常是因為餐廳場所狹小，而必須利用工作檯面下來放置洗滌機，因此在規劃廚房時就必須預留空間、水源、電源，方便爾後的安裝。

一般來說，崁入式的機型因為高度的限制關係，再扣掉洗滌槽後，機組零件的空間會被壓縮得很小，而且因為機器直接落地的關係必須注意排水是否順暢，而且常發生電路盤和地面太過接近，長年沖刷地板和機器本身的潮濕而造成斷電短路甚至漏電問題。

圖6-8　落地檯面下前開式洗滌機

第三節　洗滌設備周邊設備

一套完整的洗滌設備除了洗滌機本身之外，還有其他許多樣的周邊設備有需要被導入，才能確保洗滌效率高並且有效降低洗滌成本。

一、工作檯

外場人員將餐具從外場帶回洗滌區之後，寬敞的工作檯能幫助外場人員在短時間內卸下所有髒汙的餐具，並且隨即進行分類、浸泡等動作。除了適度的大小方便各式餐盤堆疊在一起之外，略有坡度設計的工作檯面也能幫助湯湯水水儘速被導流到水槽裡，也方便平常的沖洗和乾燥。為了避免把地板弄濕或髒汙，工作檯面周邊都會有收高的摺邊，有些貼心設計的工作檯上並且會挖出一個洞，下面放置收集廚餘的桶子，讓操作人員在整理餐盤時能夠很有效率的將廚餘收集起來。

二、水槽

餐具在進入洗滌機之前，一定要經過沖洗的動作以確實將菜渣及明顯油汙沖掉。水槽上方會架設不鏽鋼架讓餐盤洗滌架可以直接放置在水槽上方而不會掉到槽底，方便用噴槍來做沖洗動作。

三、噴槍

噴槍（**圖6-9**）通常被裝置在水槽旁邊，並且具有冷熱水源及足夠的水壓，才能將餐盤上的菜渣及油漬澈底沖刷下來。在進入洗滌機前愈是將餐盤沖洗得愈乾淨，進入機器後的洗滌效果就愈好，清潔劑的使用也愈節省。因此，千萬不可忽視利用噴槍沖洗餐盤的這個動作。通常廚房要能提

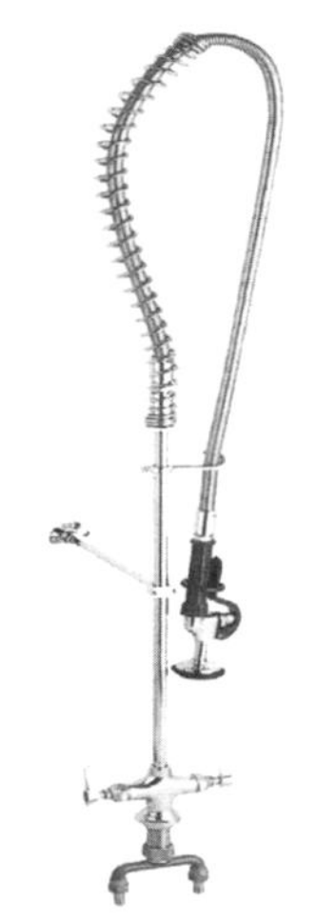

圖6-9　噴槍

供充足大量的熱水水源，除了應付一般廚房烹調所需之外，噴槍和洗碗機的進水提供也是必需的。雖然多數洗碗機都附有加熱設備，將進水在瞬間加熱到洗滌餐具所需的85℃，但是如果有其他熱水水源直接提供給洗滌機，就能減少洗滌機加熱設備的負荷，讓機器更有效率也更省電。

四、洗滌架

洗滌架有很多種類，以放置餐盤的豎盤架為例即可分為如下說明（**圖6-10**），以及用來放置高腳杯及平底杯的杯架（**圖6-11**）。

	9 X 9 豎盤架	9 X 9 豎盤架 帶一個擴展架	5 X 9 豎盤架	5 X 9 豎盤架 帶一個擴展架	末端開放式 托盤架
型號	PR314	PR500	PR59314	PR59500	OETR314*
內側架高	6.7 cm	10.8 cm	6.7 cm	10.8 cm	6.7 cm
外側架高	10.1 cm	14.3 cm	10.1 cm	14.3 cm	10.1 cm
件裝	6	5	6	5	6
件重 KG (體積 M³)	9.99 (0.1582)	8.29 (0.194)	9.99 (0.1582)	8.29 (0.194)	8.4 (0.1582)

顏色：淺灰色 (151)。標準擴展架顏色：淺灰色 (151)。任選擴展架顏色：米色 (184)。提供貨主標識服務。
* 無法添加擴展架。

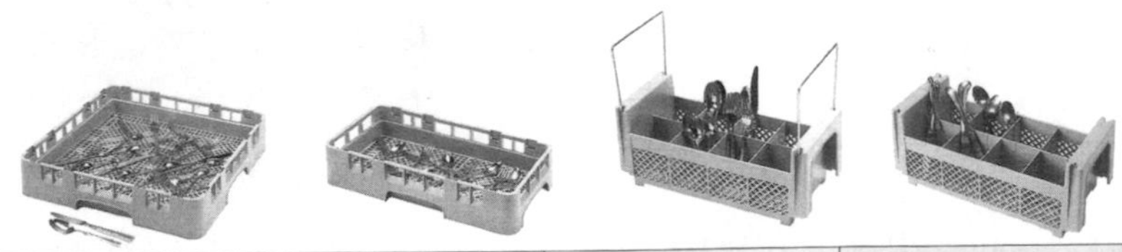

	標準平餐具架	半號平餐具架	8 格 半號平餐具籃	8 格 半號平餐具籃
型號	FR258	HFR258	8FB434* 帶把手	8FBNH434* 無把手
內側架高	6.7 cm	6.7 cm	11.1 cm	11.1 cm
外側架高	10.1 cm	10.1 cm	18.4 cm	18.4 cm
件裝	6	6	6	6
件重 KG (體積 M³)	9.08 (0.1582)	7.15 (0.0776)	8.17 (0.105)	8.16 (0.105)

顏色：淺灰色 (151)。標準擴展架顏色：淺灰色 (151)。任選擴展架顏色：米色 (184)。提供貨主標識服務。* 無法添加擴展架。

圖6-10　豎盤架

選擇正確的餐具架

1. 測量玻璃杯（高腳杯和平底杯）的最大直徑，以決定分格的數量。
2. 測量玻璃杯（高腳杯和平底杯）到頂部杯口的最大直徑，以決定分格的高度。

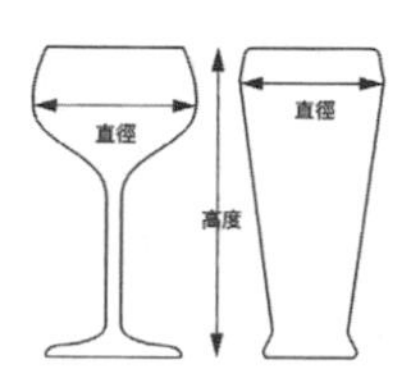

9 分格

14.8 cm 最大直徑	最大高度	9 cm	13.2 cm	17.4 cm	21.6 cm	25.8 cm	30 cm
	型號	9S318	9S434	9S638	9S800	9S958	9S1114
	件裝	5	4	3	2	2	2
	件重 KG (體積 M³)	10.67 (0.19)	11.35 (0.19)	10.67 (0.178)	8.63 (0.143)	9.99 (0.164)	11.35 (0.191)
	擴展架高度	14.3 cm	18.4 cm	22.5 cm	26.7 cm	30.8 cm	34.9 cm

16 分格

10.9 cm 最大直徑	最大高度	9 cm	11 cm	13.2 cm	15.2 cm	17.4 cm	19.4 cm
	型號	16S318	16S418	16S434	16S534	16S638	16S738
	件裝	5	5	4	4	3	3
	件重 KG (體積 M³)	12.7 (0.191)	13.4 (0.191)	13.15 (0.191)	13.83 (0.191)	12.25 (0.178)	12.92 (0.178)
	擴展架高度	14.3 cm	14.3 cm	18.4 cm	18.4 cm	22.5 cm	22.5 cm
	最大高度	21.6 cm	23.8 cm	25.8 cm	27.8 cm	30 cm	32 cm
	型號	16S800	16S900	16S958	16S1058	16S1114	16S1214
	件裝	2	2	2	2	2	2
	件重 KG (體積 M³)	9.97 (0.143)	10.55 (0.143)	11.34 (0.164)	11.9 (0.164)	13.15 (0.191)	13.38 (0.191)
	擴展架高度	26.7 cm	26.7 cm	30.8 cm	30.8 cm	34.9 cm	34.9 cm

圖6-11　杯架

洗滌架看似簡單其實在材質和設計上有諸多巧思。在用途分類上可分為：(1)多用途；(2)刀叉筷專用；(3)咖啡杯、湯杯；(4)玻璃杯用；(5)大盤專用。至於設計上有些值得一提的，例如：

1.洗滌架封閉式的外壁和開放式的內部分隔可以確保水分和洗滌液都能完全流通，並且澈底的清潔和乾燥。

2.洗滌完成後可以搭配推車方便運送，並且可以套上專屬的罩子避免外部汙染。

3.採用聚丙烯材質製造在耐用度和耐摔度上都有一定的水準，而且能夠忍受化學洗滌劑和高達93℃的高溫。

4.特殊的設計能夠平穩的往上堆疊而不致傾倒。

5.多向軌道系統設計是為了配合履帶型洗滌機的牽引，讓洗滌機更有效率的勾附到洗滌架進行有效率的洗滌。

6.外觀巧妙的把手設計，方便操作人員徒手搬運並減少手部割傷的風險。

第四節　洗滌原理

要完美的完成洗滌的任務，在整個洗滌的過程中主要包含了五個要素，分別是洗滌程序、時間、溫度（水溫）、機械物理作用以及化學作用（**圖6-12**）。

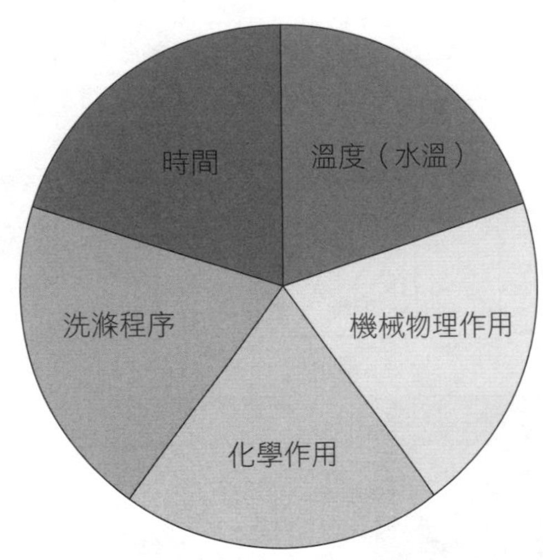

圖6-12　完美洗滌五要素

一、洗滌程序

洗滌程序是成就一整個洗滌作業是否完美的重要規劃，並不是要開始洗餐具了才開始進到程序內。真正好的做法應該是餐具在從外場被送進洗滌區之後，就可以分門別類擺放，以增加空間效率，並且對於不易清洗的刀、叉、匙、杯進行預泡（**圖6-13**）。很多時候客人使用叉子享用帶有濃郁起司的義大利麵或焗烤飯，都會讓冷卻掉的起司附著在餐具上不易去除。焗烤的餐點更是不用說，非得經過人工先進行預泡、手刷流程，是不可能單靠洗滌設備就能澈底清除這些起司。而咖啡杯更是需要預泡，畢竟客人常在喝咖啡時聊天久坐，杯子內的咖啡殘留經過長時間在杯子內風乾後，短短一分鐘的洗滌機是不可能將咖啡漬完全洗淨，必須先經過預泡，甚至搭配海綿或菜瓜布簡易手刷之後，再進到洗滌機內才能達到理想的洗滌效果。

二、時間

時間的長短代表著餐盤在洗滌機內接受高溫水洗、清潔劑洗滌、清水加乾精沖洗時間，時間愈長當然代表著洗滌效果會愈好，但是同時也代

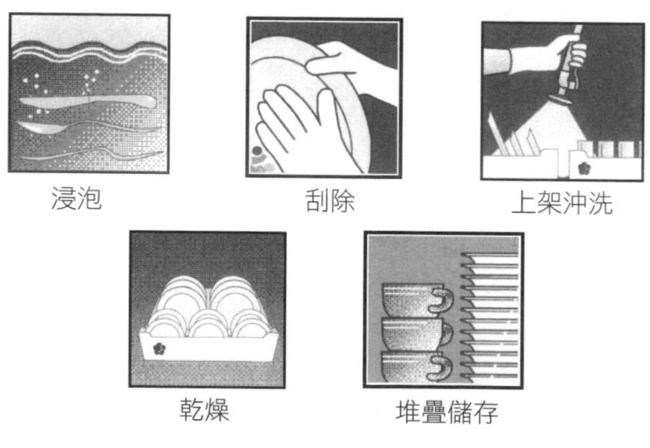

圖6-13　洗滌程序

表著耗能、耗時，以及洗滌劑量的增加。目前歐美的標準大多落在50～60秒之間完成一個完整的洗滌程序。

三、溫度（水溫）

溫度（水溫）也是決定洗滌效果的重要關鍵之一。熱水絕對比冷水的去汙和去油效率來得高上許多。在接近一分鐘的洗滌過程中，不同的階段也需要不同溫度的水溫來配合，讓洗滌劑和乾精也能達到最好的效果。一般來說，餐具進洗滌機前都會先以噴槍進行表面的菜渣汙垢的沖洗，並且藉由高水溫帶走或溶解已經凝固的油漬。接著進到機器的預洗區，這個預洗階段的溫度約在43～60℃，而當餐具被送進到洗滌區域之後，內部噴灑的水柱溫度則會拉高到65～71℃，第三階段的清洗區，溫度則會更高達71～77℃，最後一個階段則是末段的清洗，這個階段的特點是機器會引流乾精進到高達82～90℃的熱水中一起噴在餐具上。在此高溫的環境中除了能夠完成消毒的動作之外，也能夠讓介面活性劑（俗稱乾精）發揮作用，使餐具在洗滌完成後的數十秒內帶離水分，讓餐具完全的乾燥，否則的話，乾精無法作用只是徒增浪費而已。這也是為什麼多數的洗滌設備都內建有瞬間增溫器（Booster Heater）的原因。增溫器因為靠近洗滌機因此水溫在進入洗滌機前的流失溫度非常有限，能夠幫助洗滌機內的水槽保持必須的溫度，並且能夠瞬間提供82℃的熱水作為消毒使用（**圖6-14**）。

當然，在此還是建議最好在提供洗滌及進水水源時，就直接是以提供熱水的方式來減輕增溫器及洗滌機的負荷。如果進水的水源是透過餐廳大型鍋爐或是瓦斯燃燒的方式，則能夠節省更多的電力成本。目前已有業者引進國外知名品牌開發出GRS（Guaranteed Rinse System）技術，他們透過一個專屬的加熱設備保存一定容量的熱水是84℃以上，並且在餐具洗滌的過程中封閉閥門，避免此鍋爐的水和內部循環水相混合造成水溫的下降。直到進行清洗殺菌的動作時，在由此鍋爐釋放熱水來沖刷餐具確保餐

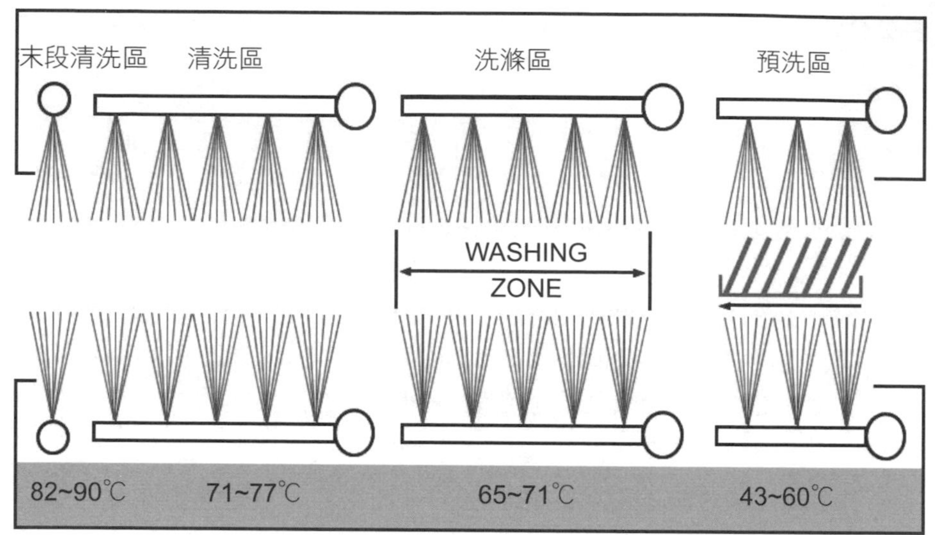

圖6-14　洗滌機內各區域溫度示意圖

具的洗潔劑能完全沖落，並且讓介面活性劑得以有效作用，幫助餐具在瞬間乾燥（**圖16-15～圖16-17**）。

四、機械物理作用

就機械物理原理而言，其實也可以說是洗滌的物理原理。其實在整個洗滌過程中占了超過70%的影響力。因為洗滌機在進行洗滌的過程中，很重要的一個步驟就是透過高壓的水刀上下的沖噴餐具，使油汙能夠在瞬間被沖落。因此，良好的洗滌機務必配有足夠的水壓再配合良好的沖洗角度來將附著在餐具的油汙沖刷掉。通常噴射的壓力約在0.4～0.7kg/cm^2，而有些大型的洗滌設備甚至有高達200kg/cm^{2}的噴射水壓。由此可知水壓對於洗滌效果的重要性，畢竟水壓是物理作用力的一個重要關鍵。洗滌機依照機型大小的不同，必須要能夠透過加壓馬達將水壓提升到0.5～2hp的能力，才能確保能創造出有足夠的沖脫力的水刀。而且當機器動作時，為因應內部用水的需要，必須要能在短時間內作有效率的水循環。一般小型

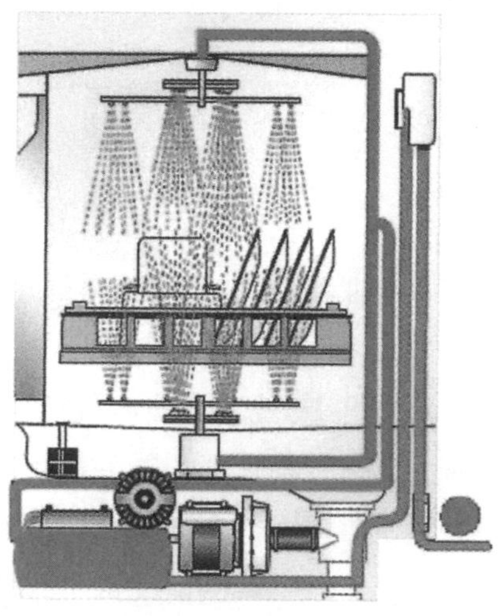

圖6-15　透過GRS技術的加壓泵浦提供洗碗機內上下噴洗示意圖

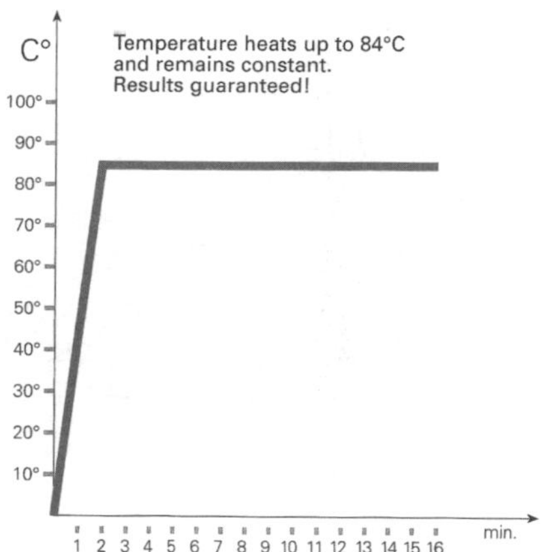

圖6-16　透過GRS技術快速加溫到84℃並恆溫執行洗滌

圖6-17　透過GRS技術提供充足水壓澈底清洗避免洗劑殘留

的洗滌機約為每分鐘循環50～80加崙。可參考洗滌機內部動作原理說明影片（**圖6-18**）。

圖6-18　洗滌機內部運作原理影片說明

五、化學作用

就洗滌力而言，是指將洗滌物和油汙分開的能力，再用更簡單的話來形容就是洗滌力必須大於汙物附著的能力，才能完成令人滿意的洗滌效果。再者，在洗滌力大於汙物附著力的前提下，「大於」愈小愈好。也就是說剛好足夠將餐具洗滌乾淨卻不多浪費能源及清潔劑。洗滌力可簡單分為物理作用力（例如人工預洗或機器洗滌）以及化學作用力（清潔劑的使用），而無論是物理作用力或是化學作用力，都因為時間、水溫、水壓以及洗潔劑的濃度而產生不同的洗滌效果。整個洗滌的要素如**圖6-19**。

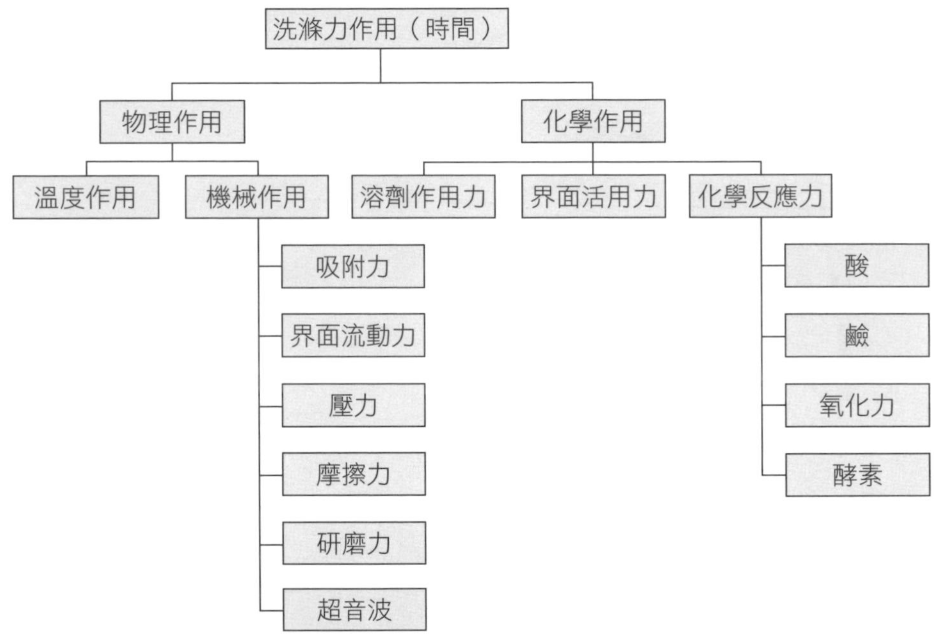

圖6-19　洗滌力的構成要素

就化學作用力來說，其實說穿了洗滌就是一個酸鹼平衡或說是鹼性（洗滌清潔劑）大於酸性（餐盤上的油汙）的作用原理。這些強效的鹼性清潔劑能夠在瞬間將餐具表面上的油汙乳皂化使它能夠溶於水中，再配合前述的物理原理讓水刀將乳皂化後的油汙沖刷掉。因此，有一個很重要的觀念就是洗滌機必須勤於換水。洗滌機本身是一個內部循環的機器，隨著累積洗滌餐具數量變多，機器內部的循環水的酸性也隨之增高。此時機器為了達到滿意的洗滌效果就會自動帶進更多的鹼性洗潔劑來幫助洗滌，當然，洗滌的成本也因之而大為提高。因此，必須灌輸操作人員勤於換水的觀念，才能洗得乾淨也洗得節約。

在談完上面這五個要素之後，另外有一個關鍵筆者想要和讀者做些簡單分享，就是關於洗滌臂的設計，這也和洗滌效果有著密不可分的關係。除了材質必須有抗菌效果，定期監控水質的硬度避免硬水因為加熱產生了水垢致使洗滌壁的噴水口阻塞，都是日常保養要注意的項目。洗滌機的泵浦將水送到洗滌機的上下兩組洗滌臂，藉由不同的噴水孔設計創造出不同角度的水刀，再經由馬達快速的旋轉洗滌臂，讓水刀產生最好的沖刷效果（**圖16-20～圖16-23**）。

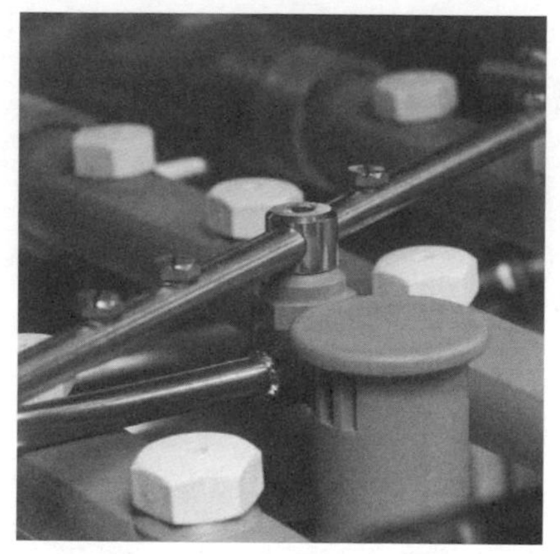

圖6-20　旋轉式洗滌臂

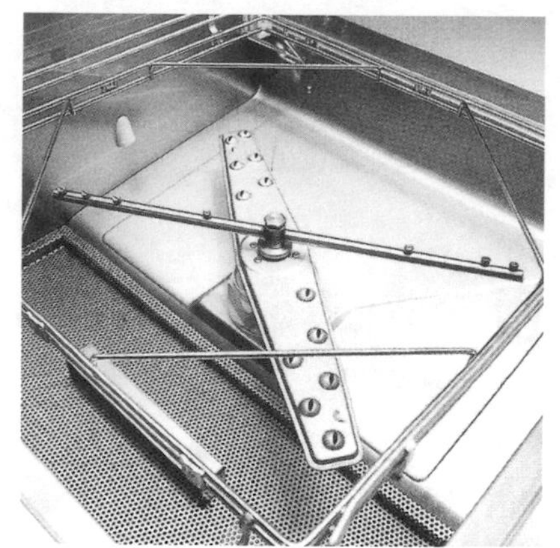

圖6-21　旋轉式洗滌臂

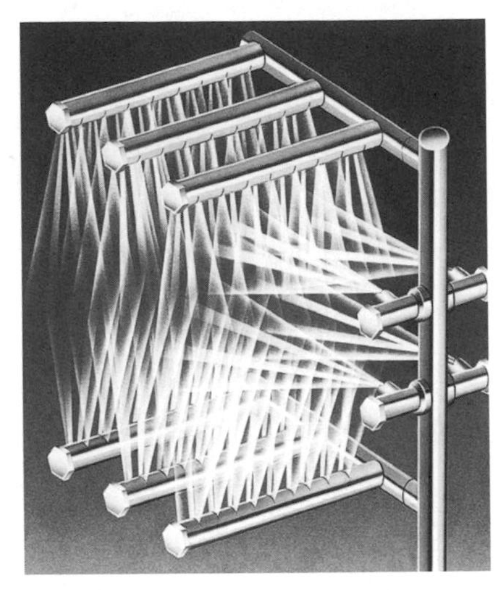

圖6-22　固定式洗滌臂

圖6-23　固定式洗滌臂

綜上所述可以將洗滌機的效益整理如下：

1.使用洗滌機可以大量減少水的消耗。

2.餐具器皿因為有專屬的洗滌框架，使破損率大幅降低。

3.洗滌品質令人滿意並且一致。

4.省時省人力也省成本。

5.餐具器皿因為破損減少、碰撞機會降低而延長使用年限。

6.令人滿意的衛生標準。

第五節　汙物及清潔劑種類

一、汙物分類

就餐廳的洗滌區而言，汙物除了垃圾及廚餘之外，就洗滌設備的汙物定義簡而言之就是廚餘的細微物，例如菜渣、飯粒、麵條、油漬等。如果要仔細來做物理結構上的區分，則可以有下列幾種分類方式：

(一)狀型分類

1.粒子狀汙物：固體或液體粒子及微生物等。
2.覆膜狀汙物：油脂或高分子的吸著膜等。
3.不定型汙物：團塊狀的混合物。
4.溶解狀汙物：分散微分子狀的汙物等。

(二)化學組成分類

1.無機質：金屬類或其鹽類，如金屬氧化物等非金屬類，如土石等。
2.有機質：碳水化合物，如澱粉；糖質蛋白質系，如生肉血水等；油脂系，如動植物油、礦物油；其他有機物系，如色素。

(三)親水親油分類

1.親水性汙物：如食鹽水溶性金屬鹽。
2.親油性汙物：如各種油脂。

(四)汙染來源分類

1.原屬性：如油脂（動植物脂肪）、碳水化合物（各式澱粉、砂糖）、蛋白質、色素。
2.附加性：如口紅印、手垢指紋、塵垢、水垢等。

在汙物的本質結構中以碳水化合物、蛋白質以及油質為最大宗。

◆碳水化合物

以米飯、麵條等澱粉類最具代表性。這類汙物通常黏著性極高，且隨著時間的增長之後會形成硬塊強力附著在餐具上，絕非短短數十秒至一、二分鐘內藉由洗滌機就能夠澈底軟化並且沖洗乾淨。因此對於附有這種汙物的餐具，預先的浸泡就相對的成為非常重要的洗滌前置步驟了。

◆蛋白質

蛋白質因為本身含有胺基酸遇熱後會產生質變，而會有凝固的情況產生。為避免附有此類汙物的餐具在進入洗滌機接受熱水沖洗後產生凝固反而創造反效果，所以在進入洗滌機前以噴槍沖洗就成了必要的步驟。這也是為何以噴槍沖水的方式預洗餐具是必須的原因之一。

◆油脂

油脂因來自不同的動物或植物在屬性上略有不同，但是皆屬於酸性物質，且有遇冷產生凝固的情況。當在未凝固前或是遇熱溶成液態後，也因為其覆膜狀的緣故而有著強大的附著力。因此除了用熱水讓它先溶解，再透過洗滌機的鹼性清潔劑使其分解而與餐具產生分離。換句話說，熱水和鹼性洗滌劑就成了清洗油脂的重要元素。

二、洗滌劑的種類及構成要素

在使用洗滌劑前，首先要瞭解上述各種汙物的屬性以及所需的功用後，針對其物理及化學結構和原理，來選擇適合的清潔劑，再搭配正確的水溫、水壓，以達到令人滿意的洗滌效果。

(一)洗滌劑的種類

大致分為兩類：

◆洗潔劑

洗潔劑可以有不同的形式，例如液態、固態、粉狀、乳狀。餐廳可以依照洗滌機的機型款式選擇搭配的洗潔劑型態。至於功能就大同小異，都是為了去除餐具上的油脂、蛋白質等物質。洗潔劑可以依照它的酸鹼值作簡單的成分分類（**表6-1**）。

◆催乾劑（乾精）

是一種親水性很高的物質，其主要的功能是可以讓洗淨的餐具上殘

表6-1　洗潔劑種類

種類	酸性洗潔劑	中性洗潔劑	弱鹼洗潔劑	鹼性洗潔劑	強鹼洗潔劑
PH值	<6.0	6.0~8.0	8.0~11.0	11.0~12.5	>12.5
主成分	硝酸	界面活性劑	硝酸鹽		苛性鈉
	磷酸	ABS、LAS、AOS溶劑	矽酸鹽		界面活性劑
	有機酸		磷酸鹽		EDTA螯合劑
			界面活性劑		

資料來源：誠品股份有限公司。

留的水分的表面張力變薄，再加上餐具因為洗滌和洗淨的過程經歷高水溫的沖洗讓餐具本身的溫度拉高，進而讓已經沒有太多表面張力的水分快速蒸發掉。

(二)洗滌劑的構成要素

就洗潔劑來講，其構成要素則可分為以下四種：

◆隔離劑

隔離劑的作用主要是在保護機器機體本身以及內部如洗滌臂等零組件。它可以將水中的礦物質被分離並溶於水槽的水中，隨著洗滌過程不斷被循環，並且在最後排放水時一併被排出機體水槽外。尤其在台灣南部地區多屬硬質水，經過高溫加熱極易產生礦物質進而附著在機體上，水槽內的加熱管尤其明顯，形成一層鈣化物質而影響加熱效率。

◆鹼劑

鹼劑的消耗多寡依據餐具汙濁的程度而定，因為它決定了洗滌的滲透力和分解油垢的能力。鹼與隔離劑結合後會讓油垢浮於水槽內的水面上，而不會殘留於餐具或機體。鹼劑通常可分為：

1.苛性鈉：屬於強鹼，對於去除殘留的油汙油垢最為有效。

2.碳酸鈉：中鹼性，對於苛性鈉維持油汙油垢在水中的懸浮作用有加分的效果。

3.矽酸鈉：介於中性鹼至強鹼之間。

◆氯

具有色澤漂白的功用，可以協助去除餐具上的汙垢分解和表面薄膜色垢。

◆抑泡劑

洗潔劑如鹼劑其實本身並不會有發泡作用，泡沫產生是因為油垢中蛋白質經由洗滌機沖洗動作而產生的。抑泡劑雖無法避免泡沫產生，但是可以使泡沫在很短時間內消失破滅。

第六節　洗滌機的機種選擇

洗滌機相較於廚房其他烹飪設備而言，在預算上並不算低。因此在選擇機種時就更須深思熟慮，仔細考量以下幾個要點：

一、廚房的空間及動線

在寸土寸金的台灣地區，餐廳的租金往往也影響了整體的利潤空間。很多餐廳在規劃時就會盡量壓縮廚房空間，以爭取更多的桌位數。而在有限的廚房空間裡，不具烹飪功能的洗滌區又往往被犧牲許多。

基本上而言，洗滌區應該在廚房進入後的不遠處，以方便外場人員收進餐盤進到廚房後能很快的進行分類和浸泡預洗。而適當空間的工作檯面方便人員堆疊分類餐具就顯得很重要。接著而來的水槽乃至於機體本身空間，還有洗滌出來後迅速分類整理並且儲存也需要有理想的空間才能執行這些工作。

二、洗淨餐具的存放位置

在規劃時盡可能和餐盤存放的位置不要相距太遠，如此可以增加洗滌完餐具完成存放的效率，並且減少運送過程中的破損機率。

三、與外場用餐區的距離

如果是開放式廚房或是礙於空間規劃的關係，使得洗滌餐具的位置離外場距離很近，並且無法做有效的隔音措施時，選購安靜的機型就是必要的考量。

四、餐飲的型態

自助餐型態的餐廳基於食品衛生考量，會要求客人每次取用餐點都用乾淨的餐盤，因此一頓飯吃下來所用的餐盤會比一般型態的餐廳多上許多。再者，工廠、學校、軍隊的餐廳，因在短時間內瞬間湧入人員用餐，集體進出的人數龐大，就必須考慮大型有效率的履帶型洗滌機，並且配置充足的工作檯面空間。

五、座位數

每個機型都會有它的洗滌效率測試，餐廳可以依照規劃的座位數加上轉桌率的計算，瞭解一個餐期可能創造出必須洗滌的餐盤數量作為選購機型的參考。

六、水質

水質長期下來會影響洗滌的效率，必要時可考慮加裝軟水設備或濾水設備，尤其是在台灣南部地區水中礦物質高屬於硬水，加裝軟水系統對於所有設備都能有比較好的使用壽命和保養效能。

七、能源

餐廳可依照申請用電量是否充足與機型對於能源的消耗做些評估，或是利用鍋爐預熱水源提供給洗滌機以減輕洗滌機內建瞬間加熱器的負擔，自然就能節省能源的使用並且降低成本。

八、經費預算

進口品牌雖然昂貴但是有著一定卓越的品牌商譽和洗滌品質，本地品牌則有著價廉物美的優勢。選購前不妨多加比較，依本身的預算和未來的需求並且考量後續的維修服務能力而定。目前也有很多業者推出以租代買的服務，只要支付少少的租金並且固定向業者購買洗滌劑等耗材，就可以無償得到洗滌設備和定期的免費保養。

第七節　新科技介紹

談了一整章的洗滌機，相信各位一定會發現不管機型再怎麼變化，基本上洗滌原理都脫離不了我們提到的五要素：洗滌程序、時間、溫度（水溫）、機械物理作用以及化學作用。然而，對於部分的器皿鍋具烤盤這樣的廚房用具，如果直接放進洗滌機裡能夠清洗的效果就很有限，一來是因為形狀上和一般餐具大不同，尤其鍋子。另外一個原因是這些鍋具烤盤不論是在烤箱內或是爐火上，都長時間接觸高溫甚至直火的環境，在烹調的過程中難免產生糖化甚至焦化，產生牢固附著的焦黑物質，短短一分鐘在機器內是不可能有辦法洗淨的，總是得搭配人工利用鋼刷球耗時耗力地刷洗。

而最新的科技就是抓準「刷洗」這個關鍵動作，或是可以解釋為「撞擊」。更簡單的比喻就如同洗面乳可以洗去臉部表面汙漬或油漬，對於粉刺或角質或許使用帶有一點磨砂效果的洗面乳會得到更好的效果。於是就有廠商開發了如此的設備，利用機器內放入大量塑質顆粒，在洗滌過程中利用這些顆粒和汙垢表面產生撞擊進而迫使這些汙漬脫落，達到洗淨的效果。設備本身的設計採大容量以方便置入鍋子或各式尺寸的烤盤，利用前開式單門或雙門設計方便操作（**圖6-24**、**圖6-25**），同時為了考量有時大型鍋具擺放時的重量或角度造成操作者困擾，廠商也有設計相對應的推車，在外部先將待洗的鍋具放置在洗滌籃，然後利用推車將整個洗滌籃送入機器內（**圖6-26**）。這可說是一個劃時代的新技術，2017年6月的餐飲食品設備展中就有展出這款設備，但目前台灣的業者仍在觀望考慮引進，其操作的影片請參考**圖6-27**。

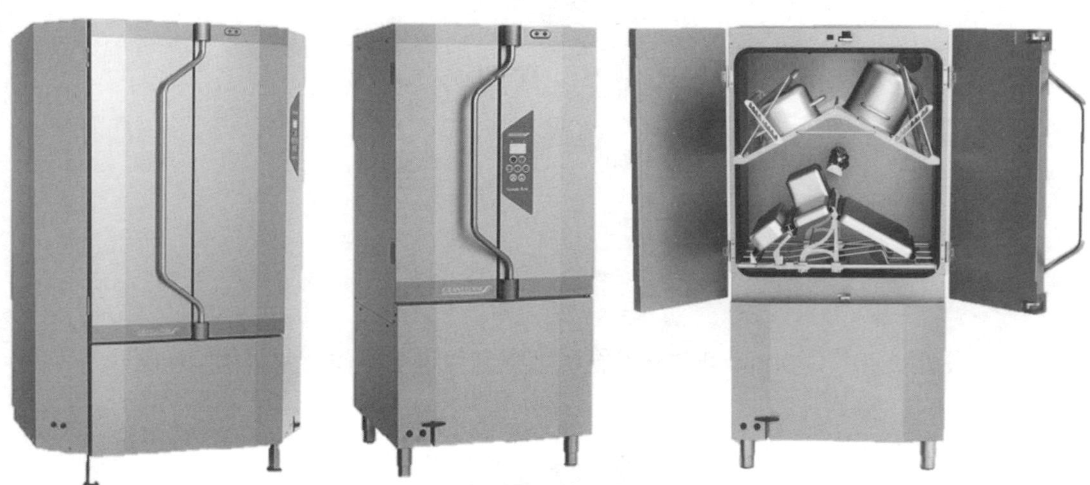

圖6-24　左右開門式機型及其內部空間示意圖

圖6-25　上下掀式機型及其內部空間示意圖

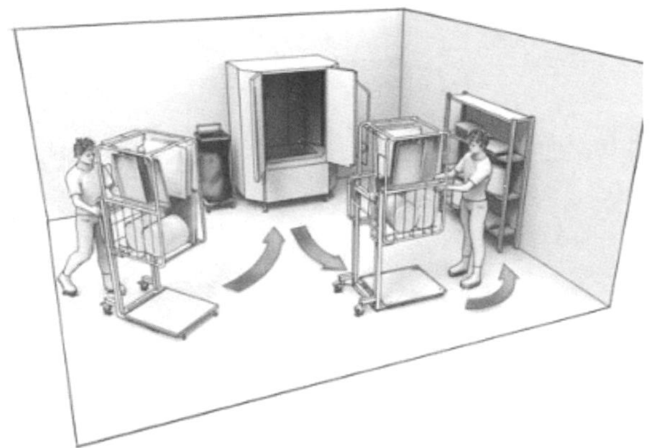

圖6-26　Granuldisk塑膠顆粒洗滌機利用推車操作大型鍋具示意圖

圖6-27　影片連結Granuldisk塑膠顆粒洗滌機

Chapter 7

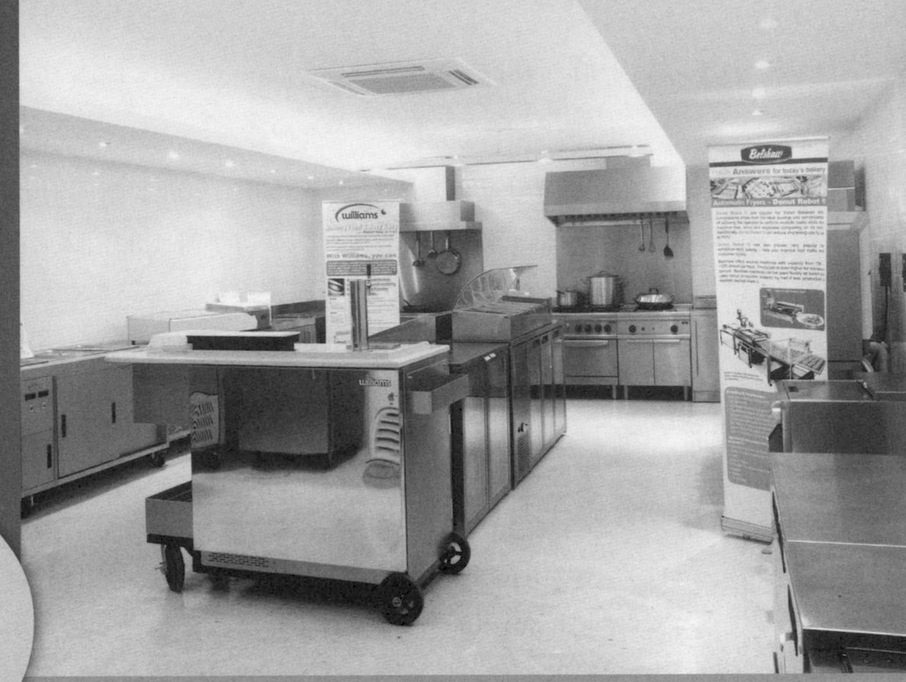

廚房日常營運管理

第一節　前言

第二節　日常營運管理

第一節　前言

在前面六個章節裡我們探討了廚房的空間設計、動線安排、烹飪、環保、排煙、消防等等各項設備，也探討了施工的相關規劃，眼看著一個完善規劃的廚房一步步地完成了，只要再完成菜單設計和進貨備料後，廚房就真正成了一個具有完善效率產能的生產中心，為一家餐廳的營運提供完善且有品質穩定的餐點。但是，前述的這些議題其實只要有專業的外部廠商，例如廚房規劃及設備生產廠商，就能夠一步步完成廚房的建構並且合乎環境衛生要求、消防安全法規以及廚師工作人員的完善動線。簡單說，上述的議題其實只要有錢找到了不錯的廠商，幾乎都能夠水到渠成。然而，真正的挑戰也將在這個時候才要開始！如何在日常的營運工作中，維持廚房良善的生產效能、穩定且可控制的內部管理，並且保持廚房明亮、空氣品質良好、衛生環境清潔、食材物品良好的保存……這些看似瑣碎卻知難行易的工作，就有賴主廚帶領團隊在日復一日的營運當中，撥出時間與人力成本去執行。接下來的篇幅，我們將一起簡單探討一些重要的議題，讓廚房的日常營運管理能夠更被認識並且更被重視。

第二節　日常營運管理

一、日常清潔

食品安全衛生意識高漲的年代，身為餐飲從業人員擁有強烈的食品安全和環境衛生信念並且落實執行是絕對必需的。縱然有時候食安問題爆發多源自於上游不肖廠商使用非法添加物或過期改標，讓餐廳業者防不勝防，甚至一不小心跟著葬送了自己餐廳的信譽和商機。但是，對於內部可以自行控管的因子就絕對沒有藉口可以推拖而疏於管理。

一般而言，餐廳廚房每天處在一個非常不利於日常清潔的環境下，例如：潮濕，每天沖刷洗滌和蒸氣都在製造廚房的濕度；蟲患，廠商送來的蔬菜、水果、雞蛋，小蟑螂和菜蟲可能隨著蔬果菜葉、塑膠籃或紙箱偷渡進來；灰塵，可能因為餐廳廚房呈現空氣負壓狀態（詳參閱第三章第一節），透過廚房進貨後門或餐廳外場而被吸進廚房，又可能因為牆面檯面的廚房油汙而沾黏不易清除。這些都需要透過日復一日持之以恆的清潔執行來維護廚房的清潔。所以，多數的廚房都會編制日常清潔表、每週、每月、甚至每季的清潔表，將所有需要的清潔工作依照實際的需求編制進來，作為廚房夥伴清潔工作的依據，才不會有所疏漏（**表7-1**、**表7-2**）。

表7-1　內場環境稽核表

店別：　日期：　稽核員：							
檢查範圍			檢查項目	缺失	缺失分	整體滿意度	得分
日廚	生魚片+壽司+生蠔	天地壁	天花板			□優□普□差	
			地面				
			牆壁				
		設備	冰箱				
			展示冰台				
			器具				
		作業檯面	工作桌				
			層架				
			壁櫃				
			水槽				
		其他	周邊（收納）				
	烤台+炸台+（蒸台）	天地壁	天花板			□優□普□差	
			地面				
			牆壁				
		設備	冰箱				
			排油設備				
			烤台				
			油炸機				
			蒸台				
			器具				
		作業檯面	工作桌				
			層架				
			壁櫃				
			水槽				
		其他	周邊（收納）				

（續）表7-1　內場環境稽核表

<table>
<tr><td colspan="3">店別：</td><td colspan="2">日期：</td><td colspan="3">稽核員：</td></tr>
<tr><th colspan="3">檢查範圍</th><th>檢查項目</th><th>缺失</th><th>缺失分</th><th>整體滿意度</th><th>得分</th></tr>
<tr><td rowspan="32">西廚</td><td rowspan="15">鐵板燒＋（燒烤區）</td><td rowspan="3">天地壁</td><td>天花板</td><td></td><td></td><td rowspan="21">□優□普□差</td><td rowspan="21"></td></tr>
<tr><td>地面</td><td></td><td></td></tr>
<tr><td>牆壁</td><td></td><td></td></tr>
<tr><td rowspan="7">設備</td><td>冰箱</td><td></td><td></td></tr>
<tr><td>排油設備</td><td></td><td></td></tr>
<tr><td>鐵板燒台</td><td></td><td></td></tr>
<tr><td>熱風炫轉烤箱</td><td></td><td></td></tr>
<tr><td>燒烤台</td><td></td><td></td></tr>
<tr><td>快速爐</td><td></td><td></td></tr>
<tr><td>器具</td><td></td><td></td></tr>
<tr><td rowspan="4">作業檯面</td><td>工作桌</td><td></td><td></td></tr>
<tr><td>層架</td><td></td><td></td></tr>
<tr><td>壁櫃</td><td></td><td></td></tr>
<tr><td>水槽</td><td></td><td></td></tr>
<tr><td>其他</td><td>其他</td><td></td><td></td></tr>
<tr><td rowspan="6">現切肉類＋酥皮湯</td><td rowspan="3">天地壁</td><td>天花板</td><td></td><td></td></tr>
<tr><td>地面</td><td></td><td></td></tr>
<tr><td>牆壁</td><td></td><td></td></tr>
<tr><td rowspan="2">設備</td><td>保溫器</td><td></td><td></td></tr>
<tr><td>器具</td><td></td><td></td></tr>
<tr><td>其他</td><td>周邊（收納）</td><td></td><td></td></tr>
<tr><td rowspan="11">水果區（吧檯）</td><td rowspan="3">天地壁</td><td>天花板</td><td></td><td></td><td rowspan="11">□優□普□差</td><td rowspan="11"></td></tr>
<tr><td>地面</td><td></td><td></td></tr>
<tr><td>牆壁</td><td></td><td></td></tr>
<tr><td rowspan="3">設備</td><td>冰箱</td><td></td><td></td></tr>
<tr><td>展示冰台</td><td></td><td></td></tr>
<tr><td>器具</td><td></td><td></td></tr>
<tr><td rowspan="4">作業檯面</td><td>工作桌</td><td></td><td></td></tr>
<tr><td>層架</td><td></td><td></td></tr>
<tr><td>壁櫃</td><td></td><td></td></tr>
<tr><td>水槽</td><td></td><td></td></tr>
<tr><td>其他</td><td>周邊（收納）</td><td></td><td></td></tr>
</table>

（續）表7-1 內場環境稽核表

店別：		日期：		稽核員：			
檢查範圍			檢查項目	缺失	缺失分	整體滿意度	得分
中廚	現炒+砂鍋+（港點）	天地壁	天花板			□優□普□差	
			地面				
			牆壁				
		設備	冰箱				
			蒸台				
			炮爐				
			排油設備				
			快速爐				
			器具				
		作業檯面	工作桌				
			層架				
			壁櫃				
			水槽				
		其他	周邊（收納）				
	燒臘	設備	保溫槽				
中廚		天地壁	天花板			□優□普□差	
			地面				
			牆壁				
		設備	冰箱				
			蒸箱				
			炮爐				
			排油設備				
			快速爐				
			氣鍋				
			絞肉機				
			器具				
		作業檯面	工作桌				
			層架				
			壁櫃				
			水槽				
		其他	周邊（收納）				
日廚		天地壁	天花板			□優□普□差	
			地面				
			牆壁				

（續）表7-1 內場環境稽核表

店別：		日期：		稽核員：		
檢查範圍		檢查項目	缺失	缺失分	整體滿意度	得分
	設備	冰箱			□優□普□差	
		蒸箱				
		氣鍋				
		飯鍋				
		器具				
	作業檯面	工作桌				
		層架				
		壁櫃				
		水槽				
	其他	周邊（收納）				
西廚	天地壁	天花板			□優□普□差	
		地面				
		牆壁				
	設備	冰箱				
		熱風炫轉烤箱				
		燒烤台				
		排油設備				
		快速爐				
		四口爐下烤箱				
		氣鍋				
		器具				
	作業檯面	工作桌				
		層架				
		壁櫃				
		水槽				
	其他	周邊（收納）				
西點坊	天地壁	天花板			□優□普□差	
		地面				
		牆壁				
	設備	烤箱				
		巧克力噴泉機				

（續）表7-1　內場環境稽核表

<table>
<tr><td colspan="7">店別：　　　　日期：　　　　　　稽核員：</td></tr>
<tr><th colspan="2">檢查範圍</th><th>檢查項目</th><th>缺失</th><th>缺失分</th><th>整體滿意度</th><th>得分</th></tr>
<tr><td rowspan="5">西點坊</td><td rowspan="4">作業檯面</td><td>工作桌</td><td></td><td></td><td></td><td></td></tr>
<tr><td>層架</td><td></td><td></td><td></td><td></td></tr>
<tr><td>壁櫃</td><td></td><td></td><td></td><td></td></tr>
<tr><td>水槽</td><td></td><td></td><td></td><td></td></tr>
<tr><td>其他</td><td>周邊（收納）</td><td></td><td></td><td></td><td></td></tr>
<tr><td rowspan="7">倉庫</td><td rowspan="3">天地壁</td><td>天花板</td><td></td><td></td><td rowspan="7">□優□普□差</td><td rowspan="7"></td></tr>
<tr><td>地面</td><td></td><td></td></tr>
<tr><td>牆壁</td><td></td><td></td></tr>
<tr><td rowspan="3">作業檯面</td><td>工作桌</td><td></td><td></td></tr>
<tr><td>層架</td><td></td><td></td></tr>
<tr><td>壁櫃</td><td></td><td></td></tr>
<tr><td>其他</td><td>周邊（收納）</td><td></td><td></td></tr>
<tr><td rowspan="12">公共區域</td><td rowspan="3">天地壁</td><td>天花板</td><td></td><td></td><td rowspan="12">□優□普□差</td><td rowspan="12"></td></tr>
<tr><td>地面</td><td></td><td></td></tr>
<tr><td>牆壁</td><td></td><td></td></tr>
<tr><td rowspan="5">設備</td><td>凍庫</td><td></td><td></td></tr>
<tr><td>藏庫</td><td></td><td></td></tr>
<tr><td>製冰機</td><td></td><td></td></tr>
<tr><td>柳丁榨汁機</td><td></td><td></td></tr>
<tr><td>電風扇</td><td></td><td></td></tr>
<tr><td rowspan="3">作業檯面</td><td>工作桌</td><td></td><td></td></tr>
<tr><td>層架</td><td></td><td></td></tr>
<tr><td>壁櫃</td><td></td><td></td></tr>
<tr><td>其他</td><td>周邊（收納）</td><td></td><td></td></tr>
<tr><td rowspan="4">辦公室</td><td rowspan="3">天地壁</td><td>天花板</td><td></td><td></td><td rowspan="4">□優□普□差</td><td rowspan="4"></td></tr>
<tr><td>地面</td><td></td><td></td></tr>
<tr><td>牆壁</td><td></td><td></td></tr>
<tr><td>檯面</td><td>桌面及周邊清潔</td><td></td><td></td></tr>
<tr><td colspan="4">總分</td><td colspan="3"></td></tr>
</table>

表7-2　內場衛生標準規範表

品項	清潔標準	清潔保養週期					清潔重點	備註
		年	季	月	週	日		
天花板	不得有長黴、成片剝落積塵納垢情形				●			一年粉刷一次
燈罩	保持清潔無灰塵				●			
秀廚裝飾品	需清潔乾淨					●	清潔劑／漂白水	
冷凍庫	1.地面無結冰無殘渣				●			
	2.牆面及層架需清潔				●			
	3.天花板無長黴及結冰晶				●			
	4.庫門外觀及手把需清潔				●			
冷藏庫	1.地面無殘渣				●			
	2.天花板無長黴及結冰晶				●			
	3.牆面及層架需清潔				●			
	4.庫門外觀及手把需清潔				●			
靜電機			●					2-3個月進行清洗及保養，由廠商負責
水塔				●				每月清洗，保養為一年一次，廠商負責
風管內部		0.5						半年清洗
臥室冰箱／上凍下藏／四門六門玻璃冰箱	1.清洗外觀、門把、門縫、內部構造，不得有殘渣及積水				●			
	2.擦拭風扇外觀				●			
不鏽鋼工作台	桌面／桌腳／桌面背部摸起來不得油膩					●		
層架	層架正面／背面／四周摸起來不得油膩				●			
展示冰槽	1.刷洗內部構造				●			
	2.刷洗載物槽							
壁櫃	1.外觀摸起來不得有油膩感					●		
	2.內部層架需擦拭乾淨					●		
	3.內部物品需擺放整齊					●		
防爆燈	1.外觀摸起來不得油膩				●			
	2.外觀不得有蜘蛛網				●			

（續）表7-2　內場衛生標準規範表

品項	清潔標準	清潔保養週期					清潔重點	備註
		年	季	月	週	日		
排油煙罩	1.排油煙罩外觀摸起來不得有油膩感				●			排油葉片：每月一次 其餘：每天清洗
	2.排油煙罩溝槽摸起來不得有油膩感				●			
	3.排油葉片摸起來不得有油膩感				●			
	4.不得有殘渣殘留				●			
截物槽	1.不得有食物殘渣					●		
	2.清洗乾淨					●		
截油槽	1.殘渣需清除乾淨				●			
	2.槽體需刷洗乾淨				●			
排水溝	1.不得有食物殘渣					●		每日需將殘渣沖洗
	2.排水溝蓋不得有黏汙			●				
	3.排水溝蓋與排水溝銜接觸應清潔乾淨			●				
	4.排水溝槽應刷洗乾淨			●				
水槽	1.欄渣槽清洗乾淨					●		
	2.水龍頭邊緣需清潔乾淨					●		
蒸籠	1.清洗外觀					●		
	2.清洗內部層架					●		
	3.內部不得有殘渣					●		
炮爐	不鏽鋼檯面以及於炮爐的銜接處不得有黑色汙垢					●		
港點蒸氣保溫槽	內部需清洗乾淨					●		
快速爐	1.通爐心				隨時		隨時清潔	1.用大頭針通爐心
	2.底座不得有黑色汙垢				●			2.用木板鋼刷刷架子及底座
	3.上層架子不得有黑色汙垢					●		3.上層架子不可過燙時放在地上或沖水

（續）表7-2　內場衛生標準規範表

品項	清潔標準	清潔保養週期					清潔重點	備註
		年	季	月	週	日		
鐵板燒台	1.鐵刷粉刷洗檯面，油渣槽需清潔，外觀需清潔乾淨					●		
	2.油渣槽需清潔乾淨					●		
	3.外觀需清潔乾淨					●		
	4.周邊器具清潔乾淨					●		
烤台(美德比)	1.外觀清潔乾淨					●		美德比輸送帶及內部構造為一個月清洗一次
	2.不得有黑色汙垢殘留					●		
	3.周邊器具清潔乾淨					●		
新麥熱風炫轉烤箱	1.玻璃上的油汙需清潔乾淨					●		
	2.內部不得有油汙沾染			●				
	3.外觀需擦拭乾淨					●		
	4.手把需清潔乾淨					●		
四口爐下烤箱	1.通爐心	隨時						1.用大頭針通爐心
	2.水盤需清潔乾淨					●		2.用木板鋼刷刷架子及底座
	3.底座不得有黑色黏汙				●			3.上層架子不可過燙時放在地上或沖水
燒烤台	1.上層架子不得有黑色汙垢					●		
	2.外觀需乾淨					●		
油炸機	1.清洗濾網及內部孔洞					●		
	2.內部槽體					●		
巧克力噴泉機	1.軸心清洗乾淨				●			用熱水清洗
	2.每一個層架清洗乾淨				●			
三層烤箱	1.內部不得有殘渣					●		
	2.外觀需擦拭乾淨					●		
絞肉機	使用後清潔乾淨不得有殘渣					●		
電風扇	需清潔乾淨不得有灰塵棉絮				●			
柳橙榨汁機	使用後應清潔乾淨，不得有果皮殘留或是汁液殘留					●		
蘿蔔切絲機	使用後應清潔乾淨					●		

（續）表7-2　內場衛生標準規範表

品項	清潔標準	清潔保養週期					清潔重點	備註
		年	季	月	週	日		
製冰機	1.外觀擦拭乾淨				●			參照製冰機清洗標準作業流程 濾心應每兩個月更換
	2.內部清洗乾淨不得有生物膜				●			
	3.製冰盤清洗乾淨				●			
盛裝物品的籃子及不鏽鋼盤	籃子或不鏽鋼盤應清洗乾淨					●		
垃圾桶	1.蓋子及桶身都應清潔乾淨					●		
	2.不得有前一日的廢棄物					●		
盛裝粉類的桶子	蓋子及桶身都應清潔乾淨				●			
廚餘桶蓋	蓋子應清潔乾淨					●		
◎清潔工作務必確實執行，不可因任何因素延緩或未行實施								

常見的日常清潔項目包羅萬象，我們以下簡要說明：

(一)天花板冷氣出風口及回風口、冰水式冷氣送風機集水盤疏通、燈罩

這些項目都屬於廚房內高度較高的位置，建議清潔時都能利用一早上班廚房還沒開始運作前，或是餐廳營運結束再執行，避免塵埃飛散汙染了製備中的食物。

1. 多數餐廳的天花板都是採用輕鋼架搭配一塊塊的防火天花板建構起來，其中某些塊天花板則會被冷氣出風／回風口（**圖7-1**）或照明燈具所取代。定期的擦拭能夠避免塵埃沉積甚至結塊掉落，回風口尤其要注意有些會有簡易的海綿過濾髒空氣，也應一併拆下來水洗後重新裝回去，維持良好的過濾回風效果。
2. 冰水式冷氣送風機和收集冷凝水的集水盤（**圖7-2**）多半吊隱在天花板上的水泥結構樓板上，定期拆下天花板塊，會發現冷凝水集水盤的排水軟管長期下來容易滋生水苔影響排水流暢度，不妨利

圖7-1　冷氣出風和回風口

圖7-2　冰水式空調送風機下方附有集水盤及排水管

用細小的洗瓶刷將集水盤的排水管做定期疏通。

3.照明燈具多半採用日光燈管、T5燈管或是LED燈具，無論何種燈具都一定會有燈罩做隔絕，避免燈具爆破時碎片四散（圖7-3）。經常性地擦拭有助於避免燈罩油汙沾黏，除了有礙觀瞻也影響照明度。

圖7-3　防爆燈罩

(二)壁面、開關、插座、公告、吊掛勾、架、桿

廚房的牆面多數採用壁磚材質做敷面，好處是潔白好刷洗不長黴，缺點是長期使用有可能因為施工初期的不完善或是因為過度靠近爐火而造成壁磚爆裂膨脹。如果採用不鏽鋼材質做壁面雖然造價高，但是只要預留適當的隙縫讓不鏽鋼板因為遇熱產生的微小膨脹延展，則可確保永久如新，同樣好擦拭耐刷洗。而牆面上難免會有一些壁面插座、吊掛勾、架、桿也同樣會因為長期使用而有油漬沾黏的情況，都應定期擦拭。

為配合衛生單位對於食品衛生的宣導，多數餐廳在水槽旁牆面也都會貼上宣導貼紙教導正確洗手步驟，如果日久有脫膠翹角或是潮濕破爛情況也應換新。

(三)廚房設備器具

各項廚房設備器具都是餐點製作時重要推手，日常清潔除了美觀清爽也是確保食物不致遭受汙染。烤箱外部面板擦拭、內部烤黑的焦炭剷除、熱灶上方消防藥劑噴嘴口清潔（**圖7-4**）、瓦斯爐爐心的瓦斯孔（**圖7-5**）的疏通，這些都是日常要排程例行清潔的地方。洗碗機內部水槽長期熱水浸泡容易產生水垢，也應定期以除水垢的酸性清潔劑來清洗。冷凍冷藏設備的清潔重點除了內外擦拭保持乾淨之外，內部的底板也應該保持乾淨乾燥，以避免生苔或結霜。門板上的橡膠條是為了能夠維持冷凍冷藏庫的氣密性，膠條溝槽（**圖7-6**）非常容易卡髒汙甚至積水，也必須耐心清洗，甚至每年定期更換。除了維持清潔之外，也能常保膠條的橡膠彈性，讓冰箱氣密性更好，達到節能效果。

水槽刷洗則是天天可以進行的工作，並且要常保水槽下水孔濾杯不殘留菜渣避免招來蟲害，有些水槽會另外配置鵝頸水龍頭提供RO生飲水，除了濾心要定期更換之外，也要注意鵝頸水龍頭的清潔，避免過濾乾淨的飲水又被汙染了！

圖7-4　消防藥劑噴灑孔應定期清潔避免阻塞

圖7-5　瓦斯爐孔應經常清潔疏通

圖7-6　良好的膠條能達到冷房氣密效果

(四)壁緣牆角、截油槽、廢水濾渣槽、水溝

這些清潔項目多屬於廚房低位的地方，也是髒汙最多最需要頻繁清潔的地方。承第五章所述，廚房為了不造成大樓公共廢水管道被凝結的油塊或菜渣所堵塞，配置截油槽、廢水濾渣槽絕對是必需的。又承第三章第三節提及地板的坡度設計可以幫助沖刷地板的水可以快速導流到水溝裡，這就是為了每天營運結束後在廚房沖洗地板的方便性所設計。沖洗時除了看得到的地板面，各個廚房設備機台下方的地板牆角尤其要澈底沖洗，避免菜渣汙垢長期累積在壁緣牆角。適度使用清潔劑對於洗淨地板表面油汙也是必需的。另外，水溝蓋掀開後對水溝澈底沖洗，再把截油槽的表面油漬和濾渣槽濾下來的廚餘菜渣澈底清掉，也都是每天必須進行的清潔工作。

二、先進先出

在餐飲業有個英文術語很重要，簡稱FIFO（First In First Out），我們稱之為先進先出，這是餐飲業非常非常重要的一個觀念。因為餐飲業的原物料主要不外乎牛豬雞、海鮮、蔬果及各式辛香醬料組合成。這些主要原料除了少部分是乾燥的辛香料（例如胡椒、鹽巴）有較長的有效期限之外，其他多半是屬於短天期的食材。就算是有些海鮮餐廳標榜活海鮮養在魚缸裡，其壽命也無法像在養殖場或是海裡那麼長。食材放在冰箱兩三天後隨著時間拉長也逐漸產生質變甚至敗壞。冷凍食材也有保存期限，雖然可達一年以上，但畢竟是經過前處理的過程，久放之後也容易脫水、結霜，而產生顏色變深、色相不佳、口感變差的結果，更別說是前處理冷凍前可能遭受到的汙染。所以，有效管制食材的進貨量、盡可能精準依照訂位數、參考過去訂位和現場客的比例，來準備適量食材做前置準備是很重要的工作。而進貨進來的食材，也必須確實和既有庫存的食材做清楚的擺放，讓所有人拿取時自然地從較早進貨的食材先取用。常見的簡易管理工具其實就是貼紙，餐廳可以向廠商詢問是否有公版貼紙或是自行委託印刷廠商製作更符合餐廳廚房使用的貼紙，內容不外乎有品項、製造日期、有效期限這三樣簡單資訊，搭配不同的顏色做視覺上的直覺管理，讓廚師在乾倉貨冷凍冷藏空間拿取食材時，更能夠簡易落實先進先出原則（**圖7-7**）。

圖7-7 利用品規標籤貼紙貼在容器外，有助於尋找食材並且瞭解製造生產與到期日

先進先出的觀念在我們日常生活中最常見的莫過於便利超商的冷

藏冰箱設計了。業者在超商內擺放一整排的立式玻璃門冰箱放置各式罐裝瓶裝飲料，供消費者在開門拿取前先看準所選購的飲料後，打開門取走飲料時一定都會發現層架並非水平，而是往前傾的角度，讓擺在後面的其他飲料順勢往前滑。而超商店員補貨上架時，則直接走到冰箱後面由後方補貨，確保所有商品都能在消費者和業者的行為中，自動完成先進先出的確保。

三、驗收

確實的盤點驗收直接決定了餐廳食材的品質好壞，也確保進貨成本、重量能夠準確無誤。一般而言，盤點常發生的共通問題主要是在時間點和人的執行層面。餐飲業的食材廠商一旦接了訂單就會安排合適路線的司機進行配送，因此固定的司機在固定的時間點把食材送到餐廳廚房是可預見了。而司機可能從早上七、八點出門，到下午二、三點左右把食材全部送完（其實多數的餐廳都會要求在中午營業前收到食材），如此緊湊的時間要完成全部的食材配送，難免會有在午餐時段廚房最忙亂的時候，遇到送貨司機送貨到達，要求驗收的情況。廚師很難能夠在這個時候放下手邊烹煮出餐的工作，專心和送貨司機應對，逐一品項檢查品質、秤重、確認簽收單上的單價是否正確，然後完成整個驗收程序後，還要將食材迅速放進合適溫度的儲藏空間。因此，與其想要落實驗收工作，為自己餐廳的食材做最好的邊境管制，不外乎以下幾點：

1. 和廠商協調，避開用餐尖峰時間送達食材，才能有時間確實驗收。
2. 要求廠商採用冷凍／冷藏車進行配送，尤其是夏天，台灣典型的海島型氣候潮濕高溫，往往讓司機出發時載送漂亮新鮮的蔬果，因為一上午在車上悶熱高溫，到了餐廳就已經有燒焦發黃的情況。更別說是肉類、海鮮恐怕因為沒有低溫保存而引起各類病菌（例如黃金葡萄球菌）在短短幾小時內呈現以次方倍數增加的菌數，高度威脅食品安全。

3.車內配置連續性溫度計，忠實記錄食材在車內的環境溫度穩定性，有了這個配備會讓送貨司機比較有警惕心確實做好隨手關好庫門的好習慣。否則很多司機往往下了貨，門都不關就直接送貨進餐廳。短短耽擱幾分鐘時間，貨車冷藏／冷凍庫的溫度會因為庫門沒關而受到外界環境的影響瞬間拉高溫度和濕度，這對食材品質是威脅，對司機車輛的油耗也沒好處。

4.對於長效期的乾貨仍應建立允收期，例如罐頭、乾貨、調味辛香料粉等產品，多半有二年左右的效期。餐廳應該建立到期前三個月內的食材就不予收貨使用，避免短期內未用完就產生過期報廢的情況。

5.驗收工具要齊全。各式地磅（**圖7-8**）、桌上型磅秤、各種拆箱工具等，逐批過磅並抽樣拆箱檢查品質，達到質量驗收管制的功能。

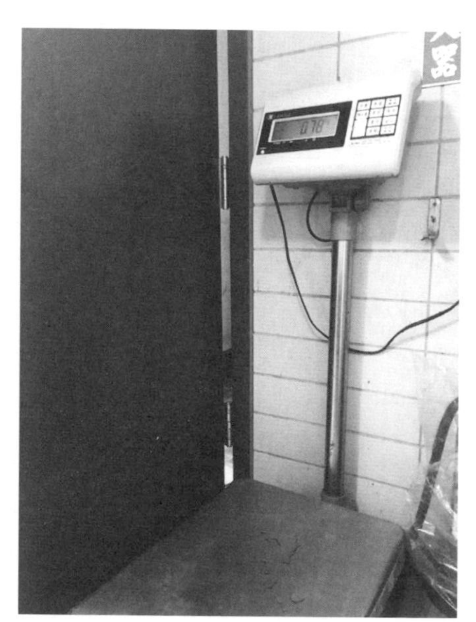

圖7-8　落地磅秤

四、貨架及定位管理

良善的貨架倉儲管理能夠確保儲藏在冷凍、冷藏、乾貨間的食材，甚至是器具或包材等各式消耗品得到良善的收納。良善收納的定義包含了合適的溫度、濕度、儲放位置的高低、正面面寬、清楚易讀的標示牌、防蟲設計。並且有合適的照明設備，方便人員進出拿取、讀標、盤點。但是對於像是紅酒要陳年儲存則要避免過量的光線。

貨架的擺設首先要考慮的是物品擺放的順序，讓所有人員能夠在最短的時間內找到所需的食材或物品。一般來說，大致的貨架物品排列做法有幾個大原則：

1.重物、體積大的物品避免擺置在過高的地方：這類物品放置過高除了導致貨架頭重腳輕外，對於拿取或放置都容易形成危險，是最不推薦的擺設方式。建議這類物品可以在地板上放好棧板後直接擺放在棧板上，或是低層的貨架上。

2.把握生食在下，熟食在上原則：在冷藏冰箱或冷藏庫裡，把冷凍肉品放在冷藏環境下解凍是常有的情況，在解凍過程中除了要用容器盛裝避免血水或外包裝的冷凝水滴落之外，也應該確保下方層架的食材不受汙染。所以把熟食放在上層比較能避免血水或外包裝冷凝水滴落的情況產生。

3.排列依照拿取頻次來做擺放：不管是冷凍冷藏庫或乾貨間，把愈頻繁拿取的物料愈擺在靠近出入口位置，這樣的好處就是方便有效率，減少步行距離和時間。

4.排列依照物品名稱的筆劃或英文字母順序：這樣的排列方式對於所有人，尤其是新人在倉儲空間裡對物品位置的掌握和熟悉度相對來得容易上手。舉例A字頭從進門左手邊開始擺放，依序B、C、D方式擺設，那麼肉汁粉（Au Jus Powder）、蘋果汁（Apple Juice）將會是被擺在陳列架上相當前端的物品。

五、善用標示牌做區域的規劃和說明

雖然說在廚房天天工作的廚師對於廚房的空間配置、物品放置位置都再熟悉不過，但是透過完整清晰的標示仍能為新進的內外場同仁有更快的導引，也為衛生官員檢查、餐飲科系學生前來參訪時，留下專業深刻的正面印象。小小一點工作其實帶來的是企業的正面形象，不失為一個值得做的小投資（**圖7-9**、**圖7-10**）。

圖7-9　在廚房各區作清楚文字標示，對參觀者能帶來正面企業形象

圖7-10　細部位置標示所放物品能協助廚師養成定點存放的好習慣

六、利用顏色區分抹布使用用途

多數的餐廳廚房都會為砧板做顏色上的區分，以避免食材產生不必要的交叉汙染。常見的顏色區分多半為紅色（生肉）、海鮮（藍色）、蔬果（綠色）……其實抹布也可以依照廚房不同的區域使用不同顏色的抹布（**圖7-11**），分開管理使用避免同樣造成交叉汙染。而且同一站同一色的抹布上線使用後，不管使用期間水洗幾次，仍應該定時更換（建議每小時）以避免細菌滋生威脅食品安全。

圖7-11　以顏色區分抹布用途

七、資料文書建檔管理

資料文書建檔管理內容包括食譜、廠商名冊、體檢資料、廢油廚餘回收、進貨單、肉類進口證明、食安檢驗報告等。

早些年前輩的主廚們在廚房的管理上多半比較偏向於人治。帶人嚴厲，但對於廚藝的傳授不見得全然開放。對於廚房的行政管理則較少著墨或要求。縱使在管理上有自己的一套心法，也甚少被傳授或是付諸文字、制度，以形成一個循環，讓制度被執行後成為廚房自動管理的核心能量。履歷來說，對於設備的正確保養、食譜的文字化、採購物料成本的電腦化管理，以及對於廠商的評鑑、聯絡窗口、報價、送貨天數、最低訂購量等資訊的歸納管理都比較缺乏。今年來隨著消費者對食品安全要求的重視，政府對環保法規的執行，廚房管理愈發變得困難。廠商清冊、食材溯源管理、廢油廚餘找合法登記的廠商回收並且在政府公部門的指定網站做登錄、進口食材的進口證明、SGS農藥或重金屬殘留的檢驗報告，甚至廚房員工的體檢報告都必須詳加造冊歸檔備查。通常在五星級飯店行政主廚都還能有飯店的人資部門、食安部門、甚至餐飲部秘書協助進行資料的建立、歸檔，但是對於一般餐廳而言，這些額外的行政工作不能避免地就有賴主廚培養自身行政文書能力，或培養專人進行這項業務的管理執行。

八、設備保養卡及責任管理人

設備保養是指製冰機、生飲水、炭烤架、磅秤校準、冷凍冷藏等各項設備之保養。工欲善其事，必先利其器。在餐廳繁忙的營運餐期，天天使用的廚房器具設備如果能維持良好的運作功能，對廚房師傅來說就是最大的恩澤。製冰機和飲水機必須定期清洗，濾心定期更換，並且要維護良好的散熱空間來提升製冰的效率。磅秤的定期校準則是讓廚房驗收廠商的進貨，製備客人的每一份餐點都能依照食譜的重量進行，冷凍冷藏設備定期清刷散熱鰭片，物品適量冰存維護冷房效力，既能維持食物品質也能讓設備延展使用年限。

專人執行的好處是對每台設備的狀況能完全掌握，透過保養卡或表單來記錄設備每一次的清洗、保養、維修紀錄，就像是設備的病例卡。這樣的好處是如果設備處在保固期或維修後的保固期，有故障情況都能第一時間知道，並向廠商爭取保固維修。又或同一零組件雖然已經過保，但是更換維修次數頻繁，又偏巧屬於設備的重要關鍵零組件，則是否要再進行維修或重新購置新設備，都能有很客觀的資料作為決策參考。

九、電火管制與防災演練

水火無情！廚房可說是餐廳裡最容易發生意外的地方，地板濕滑、電器受潮、滾燙熱水熱油、爐灶烤箱，各種自動化設備如切肉機、攪拌機、絞肉機以及瓦斯都是常見的發生危險案例的主要元素。現在有些創意料理為求出餐的視覺享受，餐廳甚至購入液態氮，這種零下196℃的惰氣如不小心碰上肌膚也會瞬間造成低溫凍傷甚至壞死。因此一套維護安全的工作守則在廚房被建立而且落實執行是有絕對的必要性。

(一)確實的操作訓練是第一步

確實的操作訓練絕對是避免危險產生的第一步，這包含設備的操作流程、拆洗組裝的流程和護具（鋼絲手套）、溼手不碰開關。現在很多設備在安裝後，廠商都會有非常確實的操作教育，再搭配說明書、影片（通常會放在YouTube無限觀賞，方便新人的教育訓練）。每個動作的設計和流程的安排都有廠商一定的原因，按部就班確實遵照執行絕對是安全的不二法門。

(二)落實檢點重複確認

檢點重複確認可以是每次操作時，也可以是定期保養時，也可以是每天開班和晚上下班的例行動作。通常可以由值班的廚師領班或是受過訓練的廚師來執行，並且搭配合適的檢查表作勾選和簽名來確認。這些設備通常包含水洗排油煙設備、靜電設備、瓦斯總閥和鍋爐。

(三)閉店打烊

閉店時最重要的莫過於確認水電瓦斯確實關閉，避免半夜無人時產生災害。因此，在餐廳籌建工程時就應該請水電廠商把夜間必須持續運作的設備開關獨立開來，例如冷凍冷藏冰箱、具定時功能的凍藏發酵箱。有了這樣的規劃，廚房人員下班時就可以放心把其他的電器設備開關全部關閉，僅保留冷凍冷藏等設備持續運轉。

瓦斯更是必須透過各爐灶的開關、分區瓦斯閥開關以及瓦斯總閥開關來做三重的關閉防護。正確來說應該是保持爐灶燃燒狀態，先將瓦斯總閥關閉，直至管中殘餘瓦斯被爐灶上燃盡熄火後，再把爐灶的瓦斯開關關閉。

(四)警報系統

警報系統是災難發生的最後一道防線。透過瓦斯警報器讓瓦斯外溢能及時警報作響，引來保全公司或他人的注意，做及時的危機解除。感熱警報器、自動灑水頭能讓夜間因種種原因發生的火災做及時的警報和撲滅，並透過警報系統通知駐衛警或保全公司，進而通知消防單位。配電盤的電磁開關閥則能讓電源因受潮或電線走火而自動跳脫，讓電氣設備的損失降到最低。

Chapter 8

廚房人力資源管理

第一節　人力資源規劃與工作設計分析

第二節　廚房人員的配置與組成

第三節　廚房的人力資源管理（選、訓、用、留）

第四節　其他（影響廚房人力資源管理的因素）

隨著時代的演進，我國整體經濟及社會發展快速變遷，餐飲產業蓬勃發展。勞力密集產業已逐步外移，服務業產值與從業人員比重已超過製造業，職場人力結構與職業產生大幅度的變動。根據餐飲產業幾項特性：多屬業者自營方式、營業有明顯的尖離峰時間、勞力密集程度遠大於其他服務產業，人力資源在餐飲業是不可或缺的投入要素，人員的安排與調度，是餐飲業相當重要的課題。餐飲產業需要投入大量人力來進行各項服務，雖然可將作業流程標準化，但仍無法降低人力需求，若需具有技術能力的廚師短缺，亦無法立即補充。根據行政院主計處「108年事業人力僱用狀況調查結果綜合分析」，8月底的住宿及餐飲業之缺工人數達一萬八千餘人，而廚師一職，平均需要4.2個月的時間才能尋找到適合人員。從以上數據可知，台灣餐旅業正高速成長，惟目前人力仍無法配合產業發展。

人力資源管理的規劃是企業為規劃未來的業務發展與環境要求，而展開的工作，包括：人力供需的預測與分析、人力結構的分析以及人力發展。亦即針對企業的人力資源做好選、訓、用、留的各項規劃。本章從「人力資源規劃與工作設計分析」（人力資源的規劃、供應與需求預測、廚房工作設計與分析）、「廚房人員的配置與組成」（廚房組織架構、中西餐飲廚房人員配置與工作說明、工作說明書）、「廚房的人力資源管理」（招募遴選、教育訓練、薪資規劃與晉升制度、績效評估、福利制度）以及「影響廚房人力資源管理的其他因素」（廚師特殊屬性與應具備條件、餐飲未來發展趨勢、缺工問題與政府法規的影響）等面向與節次來對廚房與廚師的人力資源管理進行探討與說明。

第一節　人力資源規劃與工作設計分析

依據組織的發展需要，必須事先做好人力規劃，確保人力供應的質與量，以完成組織目標。以餐飲業而言，廚房中的廚師扮演相當重要的角色，廚師必須具備專業的技術以製作出美味的菜餚。廚房若能透過人力資源的規劃，將可讓廚房運作事半功倍。人力資源的規劃就是為了確定規劃未來企業的發展與要求，對人力資源狀況來作規劃，包括人力資源的尋找、人力需求的預測、人力結構與需求的分析，以及人力妥善的配置等。人力資源規劃就是在對組織中目前與未來人力的需求與預算進行估計。

一、人力資源的規劃

根據餐飲業與廚房的特性，人力規劃的主要目的為規劃人力發展、降低用人成本、合理人力分配與滿足員工需求。

進行人力資源規劃，針對廚房現有的人力狀況進行分析與瞭解；並根據營運評估未來人力需求，以求對人力的多寡有所增補，以擬定員工甄選與相關培訓計畫。人力資源規劃可說是人力發展的基礎。藉由人力資源規劃，亦可避免人力浪擲狀況，進而降低人事成本。再者，除了合理分配人力外，亦可透過彈性運用人力（彈性工時或僱用計時工讀生等）之方式，來節省人力成本。進一步可看出現有人力配置情形以及目前職位的空缺情況；同時也可獲知是否有人力分配不均之狀況，以進行合理化的調配，使人力資源得以有效的運用。完善的人力資源規劃，不僅能為組織找出適任適用的人員，也能滿足員工發展的需求。雖然說廚房中的廚師強調的是專業技術，但在人事成本與資源的考量下，更應該運用人力資源的原則與規劃來充分有效運用人力資源。

二、人力資源供應與需求預測

在經過人力資源的規劃之後，進一步根據人力資源供應與需求預測，同步確實盤點與分析目前現有人力狀況，以瞭解人力是否過剩或是短缺，再進行人力資源管理的各項計畫。人力資源需求預測是依據公司的組織結構、各工作崗位的工作要求，以及未來的整體營運發展計畫，對所需人力資源進行評估。在人力資源供應預測部分則是根據需求差異，透過組織內部適合人選推舉或是外部直接招募方式進行。完整的人力資源管理計畫流程，如**圖8-1**所示。

對餐飲業中的廚房部門而言，通常是以功能別設計其組織結構與人員配置，如中式廚房的砧板、蒸籠、打荷都是以其工作內容來區分與規劃人力，分工明確是其優點，當餐廳有擴大營運或是展店規劃，則可以依其組織架構來規劃需求的人力。當企業在擴展版圖或是緊縮業務時，都需要進行人力盤點，必須瞭解目前現有人力的狀況。人力資源供應就是在盤點過後，先從組織內部評估是否有合適人選，進行提升調職，再考慮透過外部招募方式（如為促進公司內的新陳代謝、發展業務或開拓新市場），以對空缺職務的進行填補。

三、廚房工作設計與分析

工作設計的目的是透過合理、有效地規劃來處理員工與工作崗位間

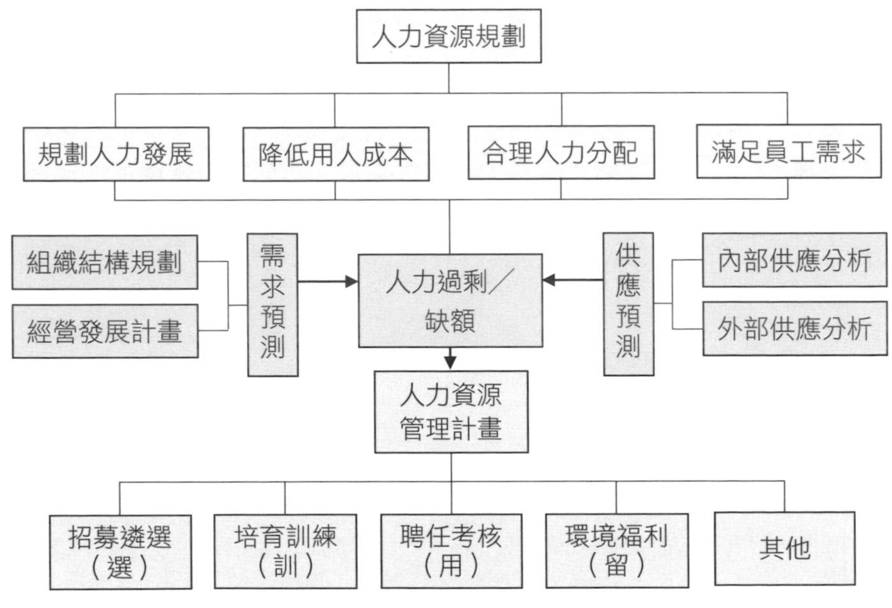

圖8-1　人力資源管理規劃流程

的關係，期使員工接受與滿足其需求，並實現組織之目標。工作分析則是指針對組織內所有的工作內容進行分析，確認工作整體性，說明工作內容、要求、責任、適任要素及工作環境條件，以提供人力資源管理工作活動過程中的資料。

組織架構與人員配置，形成前需將各項工作或職務加以研究分析，例如：不同職務間要能避免重複工作或重疊性，確認所有工作、職務以及職級是否符合組織需求。有效的工作設計與分析，可作為招募應徵時之選擇與參考依據，工作分配得當才有辦法事半功倍。尤其是在餐飲業，在人力有限情況之下，確認每位員工所執行的工作相當重要。工作分析所獲得資訊，可用來作為各種相關人力資源管理的標準與依據：

1.招募甄選：提供有關工作活動內容之資訊與需求條件，可用來作為決定公司需要招募及僱用人員條件與標準。
2.薪資制度：工作分析提供資訊，可用來評估每項工作價值及適當之報酬。
3.員工培訓：透過工作分析與編制工作說明書，以確認各項工作技術與操作之必要性，可進一步提供所需之教育與訓練。
4.績效評估：可作為日後員工表現之標準與考核評比之準則。

第二節　廚房人員的配置與組成

企業的組織結構常見的方式是依功能別、產品別來作為組織架構設計與部門劃分。餐廳的廚房組織架構與人員配置，會因為餐飲製作型態而有所不同，如中式、西式或日式餐飲，另外也會隨著餐飲供應的類型（如自助餐飲、宴會）或是功能性（如大廚房、點心房）而做不同的規劃與安排。尤其像有一定規模的飯店，會依餐廳的多寡設置不同功能的廚房，若是屬於一般性的餐廳，因為編制規模不大，廚師人數有限，較無法分工過細，皆屬多功能方式工作與製作。

一、廚房組織架構

餐飲業最常採用的組織結構是以功能別——菜餚製作與準備的差異來設計組織架構，根據工作的專門化、集權化程度、控制的幅度以及協調的方式，來規劃與建立其組織架構。大型的中西餐廳廚房的組織結構如**圖8-2**、**圖8-3**所示。

一般餐廳，若考量其規模、座位數與菜餚準備與製作的難易程度，廚房的組織結構通常就是由主廚或是餐廳負責人採取單一決策方式進行管理廚房營運，有利於營運成本控制與人員管理，如**圖8-4**。

二、廚房人員配置與工作說明

(一)西式廚房

主廚一字來自法文chef-de-cuisine，翻譯成英文是chief-of-the-

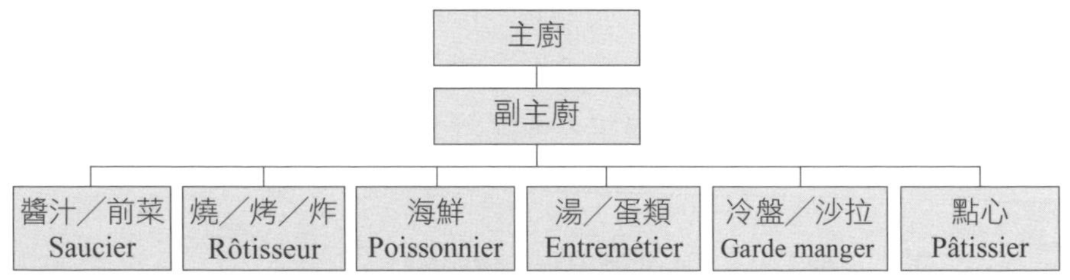

圖8-2　西式廚房組織架構

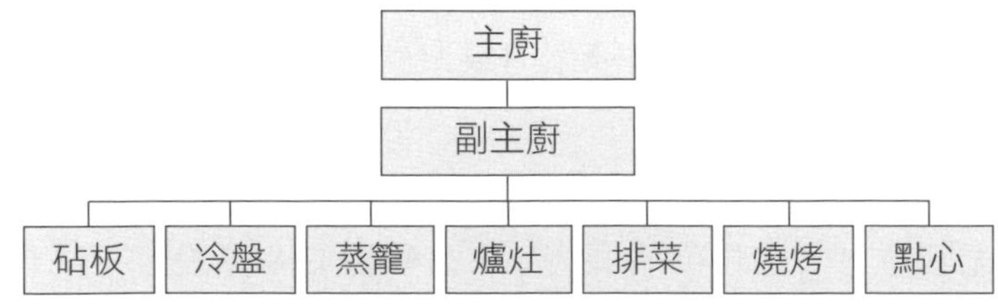

圖8-3　中式廚房組織架構

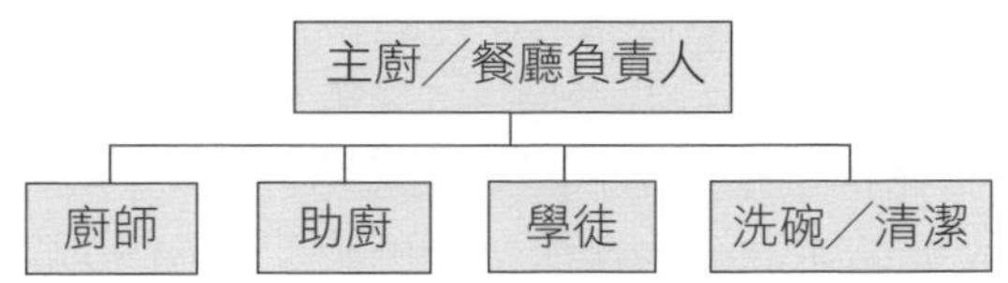

圖8-4　一般餐廳廚房組織架構與編制

kitchen，「廚房主要負責人」之意，亦可解釋成chef manager、head chef、master chef。對於大型的廚房組織或是飯店餐飲部門內有多個廚房單位，則會再設置executive chef，即「行政主廚」。至於cook，就是「廚師」通稱；sous chef 是副主廚，協助主廚執行菜餚製作與管理。

現代的西式餐飲廚房組織制度、職位與稱謂，是由法國名廚喬治斯・奧古斯特・埃斯科菲耶（Georges Auguste Escoffier, 1846-1935）所制訂的「廚房組織制度」（brigade de cuisine），為歐洲餐旅業所普遍採用，一直沿用至今。目前在各大飯店內的西式餐廳或是坊間西式餐飲業，也是以此制度為依據，進行調整與簡化。

根據上述的廚房組織，不管是一般餐廳單一決策或是大型餐廳的功能區分，人員的配置會根據廚師的技術、能力與工作經驗，以及是否具管理能力，給予職稱與工作內容。以下針對西式廚房較常見的職稱及其工作內容作一說明：

1. Chef（line cook）de partie：是指廚房各區的主管廚師，亦即現在通稱的廚房領班。
2. Commis（junior cook, kitchen attendant/ assistant）：是指主廚或是各單位廚師的助手，稱作助理廚師，又可依據技術與能力，通常分成三級，稱作一級廚師等，也有廚房以A、B等級區分。
3. Tournant（spare hand/ roundsman）：廚師幫手，類似助廚，協助廚房各單位的廚師。
4. Apprenti（apprentice, trainee）：學徒／實習生，通常是指學校學生

到廚房學習以獲取實務的工作經驗，做簡單的前製備和清理工作。

除了上述的職稱，在一般西式餐廳廚房也有一些相類似的職位，但或許在不同的餐廳有不同的說法與工作內容，例如：commis stagiaire（實習生／學徒），與apprentice類似，有些廚房則是不提供薪資或是只有微薄薪水。

若是以工作內容來作為廚師的分類與職稱，如以下的說明：

1. Saucier（sauce maker/ sauté cook）：醬料師傅，主要負責製作醬汁、加熱前菜，在規模較小的餐廳需要負責魚類、煎炒（sauté）類菜餚。屬於廚房中非常重要的職位。
2. Rôtisseur（roast cook）：烤炸師傅，負責掌管爐烤、炭烤、炸類食物的廚師。在具規模的廚房，則會再細分出Grillardin（grill cook），負責在烤架上以炭火燒烤食材，以及Friturier（fry cook），專門負責炸物。
3. Poissonnier（fish cook）：海鮮師傅，負責魚類與海鮮料理的師傅。
4. Entremetier（entrée preparer）：負責非主菜類（魚或肉類）菜餚烹調的師傅，例如湯類、蛋類、蔬菜類食物。具規模的廚房則會再細分出Potager（soup cook），煮湯師傅；Legumier（vegetable cook），蔬菜師傅。
5. Garde manger（pantry supervisor）冷盤師傅：負責準備與調理冷盤與沙拉類的廚師。
6. Pâtissier（pastry cook）點心師傅：製作蛋糕、甜點或是麵包的廚師。具規模的廚房則會再細分出：Confiseur，負責糖果和精緻法式小點；Glacier，冷凍／冷類點心師傅；Décorateur，藝術展示或特製蛋糕師傅；Boulanger，製作麵包、蛋糕與丹麥類師傅。
7. Boucher（butcher）：負責家畜類、家禽類屠宰切割，有時要負責魚肉處理的師傅。

大型旅館具有多間餐廳，為有效運用人力與營運製備，會設置切肉房或是稱為大廚房，來負責各式醬汁製作與肉類分切，可減少各西式餐廳的前製備，亦可降低人事費用。另外在大型宴會餐點的供應（尤其是婚宴），是飯店餐飲部門相當重要的收入來源，因此也會設置宴會廚房，以因應大型宴會需求，至於人力配置，則依飯店規劃而定。

(二)中式廚房

中式廚房的組織架構，與西式廚房一樣，具規模的餐廳，由於中式餐點處理過程與烹調手法的差異，也是採用功能別的方式來做設置。人力配置方面，會因為餐廳規模，業主或是主廚彈性規劃類似功能整併，或是以廚師相互支援。以下針對中式廚房較常見的單位與其負責的工作內容作一說明：

1. 爐灶（又稱爐頭、候鑊、炒鍋）：中式餐點透過鍋炒、煎炒和炸的烹調料理，占的比例最高，可說是一家餐廳生意好壞的命脈，是廚房體制中相當受重視的單位，也是廚師們想挑戰與爭取的區域。
2. 砧板（又稱板凳，凳子）：主要負責食材烹調前的刀工處理，如切片、剁餡、水花以及醬汁處理。因為需要負責食材品質與採購數量的控制，以及在餐期時的料理製作順序與食材存量，是中廚房的靈魂人物，扮演中樞神經的角色。
3. 冷盤：主要負責冷盤、冰雕、果雕工作。有些餐廳冷盤工作內容與砧板類似，一些大型餐廳或是飯店內餐飲部門會另外設置一個單位，專門負責果雕冰雕工作，視為裝飾與藝術展現，稱為食材造型藝術中心，將廚師命名為餐飲裝飾藝術師。
4. 蒸籠（又稱上什、蒸鍋、扣燉）：負責蒸、燉、熬、煲等料理烹調製作。另外還有負責較高價與品質的乾貨漲發，如鮑魚、燕窩、烏蔘等。
5. 打荷（又稱打伙、排菜）：負責料理的出菜順序，在廚房是站在砧板與爐灶間，協助站爐的師傅，將砧板所備好的食材進行再製與加工（如醃料、調味、裹粉等），依點餐與搭配菜餚製作順序，交由爐灶師傅製作，完成後做出菜前最後的整理。

6.水台：負責魚類、海鮮等水產品的去鱗、清洗，以及肉類的切割等初步加工工作，另外則是協助廚師準備材料。

7.燒臘：在廣式料理或是中式飲茶餐廳，專賣負責燒、臘、滷、燻等烹調方式的製品，如燒味（叉燒、烤乳豬、燒鴨、燒鵝等）製品、燒烤或燒臘、臘味（臘腸、肝腸等）。

8.點心：負責製作各式中式點心製作，鹹、甜味皆有。飲茶餐廳的中式點心師傅亦是扮演相當重要的角色。

9.學徒：中式廚房位階最低職位，主要工作是領取菜肉、洗挑菜、收物品和清理廚房。

在中式廚房對於廚師的稱謂，主要以單位來區分，如每個單位的主管稱為頭爐、頭砧，相當於西廚的廚房領班，依據技術與職位，依序稱為二爐、三爐；二砧、三砧。

(三)工作說明書

工作說明書與工作規範是進行工作分析後的具體成果與明確書面資料，可讓人資部門與各部門主管清楚瞭解每個職位的工作的規範與內容，也讓所有員工有依循的準則。廚房的工作說明書通常是由人資部門協助撰寫書面資料，有助於進行招募遴選、訓練與考核參考與作為依據。在小型餐飲業，則是依老闆或營運負責人來決定是否有需要制定相關資料。工作規範是指工作要求任職者的資格條件，工作說明書指的是以書面描述工作中的活動與職責，以及和工作有關的重要特性。大部分企業會合併運用，將工作規範的職務條件視作為工作說明書的一部分資料，如**表8-1**「頭砧板」工作職務說明為例。**表8-2**為西廚房大夜班早餐準備工作內容與工作分析。

表8-1　飯店江浙廚頭砧板工作職務說明書

職稱	頭砧板	部門／單位	餐飲部／江浙廚
職階	三	員額	1
直階主管	江浙廚主廚	管理人數	4
工作時數	8hr／天	休假	國定例假日與年假
性別	不拘（男性為佳）	年齡	35-45歲
教育程度	不限		
專業知識與技能	熟悉中式廚房運作，具廚房砧板相關技術與能力 須具備勞動部中餐烹調丙級（含）技術士證以上		
工作經驗	具飯店廚房工作經驗5年以上 具大型餐廳砧板相關工作經驗10年以上		
個性儀表	工作負責、積極、主動 與人相處誠懇、融洽		
工作關係	餐飲部各單位，江浙料理餐廳外場		
晉升機會	依公司培訓制度晉升或主管提報		
工作說明書			
工作綱要	提升菜餚裝飾及物料掌控		
工作職掌	1.負責菜餚之準備工作及食品鮮度之控制、管理與運作 2.負責生鮮食品分割、冷凍、冷藏等加工處理 3.綜理雕刻盤飾、切菜及配菜的工作 4.協調各級廚師（二砧、三砧）之工作 5.監督各級廚師（二砧、三砧）之工作表現 6.訓練各級廚師（二砧、三砧）雕花、切菜分工及派菜技術 7.監督該組各廚房（二砧、三砧）嚴格遵守標準食譜的各項規格來配菜，以控制食物成本 8.負責冰箱物料存貨控制，並開立訂貨菜單協助主廚叫貨 9.綜理冰箱物料的儲存及新鮮度並要求該組各廚師嚴格遵守「先進先出」的規定 10.與同仁溝通，共同改善工作上的缺點 11.協助新進同仁在職訓練 12.確實遵守安全衛生標準 13.確實遵守公司規章及工作守則 14.遵守有關服裝儀容及行為準則的相關規定 15.參加員工相關活動或會議 16.其他上級交辦事項		

表8-2　西廚房大夜班早餐準備工作內容與工作分析

	做什麼	如何做	備註
1	檢查廚房的各項設備電源與開關	檢查油炸鍋、烤箱、鐵板、Salamander、保溫槽、蒸氣鍋等	
2	查看各式訂單，預估準備與製作量	當日function order逐一查看，並確認住房率	再次詢問room service當日住房率
3	檢查廚房冰箱	確認冰箱內食材存貨與數量是否足夠使用	將冰箱內食材歸類、整理與清潔
4	檢查乾貨存貨	檢查存量或缺少之食品	若不足，向值勤經理批准，連同安全室人員至倉庫提貨
5	調配當日所需食材	從冷廚大冰箱提取出，存放至廚房冰箱	
6	準備早餐之各類食物	查看早餐菜單（buffet），前製備，並存放冰箱內	
7	準備醬菜類食品	檢查是否有先前庫存，取適當器皿裝盛，包保鮮膜	庫存醬菜檢查是否變質，採先進先出法
8	處理番茄、小黃瓜調製千島醬等醬料	清洗後切妥，用器皿裝好，連同千島醬包保鮮膜	體積較大水果——西瓜、鳳梨等，擺放至乾燥陰涼處
9	準備各類果汁	檢查冰箱內庫存果汁，如果不夠，須再多準備與製作	檢查果汁機是否正常運作，若有異常要更換或請工程部修理
10	烤培根	將培根排好放置烤盤，烤至七分熟	餐期開始後，再烤至金黃色
11	煮稀飯	米洗好放在蒸氣鍋，待溫度夠蒸氣來時即可，勿煮太久，否則稀飯會變黃	稀飯份量多少視訂單與預測客數而定
12	準備中式點心	將蒸籠用有洞鐵片或荷葉墊上，再排放燒賣、珍珠丸等，排好後先放冰箱	有洞鐵片（墊片）需塗油
13	切水果	要清楚檢查水果品質，先取用冰箱內已切開的水果，再依需求量做準備	水果需用保鮮膜包好。水果量比一般食物為多，需大量備存

（續）表8-2　西廚房大夜班早餐準備工作內容與工作分析

	做什麼	如何做	備註
14	酸乳酪、優沛蕾	將酸乳酪、優沛蕾放置冰箱，放餐檯時再加冰塊保冷	檢查酸乳酪、優沛蕾有效日期
15	法國吐司	先切成三角形	
16	蒸中式點心	要注意擺放次序，燒賣、珍珠丸放底層，叉燒包放上層	叉燒包沾水外皮會軟掉變質
17	製作早餐餐點、炒蛋、培根和味增湯	注意先後處理順序，要考量當日人力配置。如水煮食物太早處理容易軟爛	餐點須於早餐前十五分鐘準備妥當，預留時間重複檢查
18	菜式之擺放	依主管指示，按照圖（照片）擺放，先將冷盤放好，再放熱盤	
19	整理廚房保持清潔、整齊	將各類食物、器皿歸位，檯面雜物與廢棄食材處理乾淨	交接班時，須將廚房保持整齊清潔，再進行移交

第三節　廚房的人力資源管理（選、訓、用、留）

「選、訓、用、留」是人力資源管理運用的四大原則與工作項目，簡單來說就是「如何找到合適的人選，放在對的位置」。餐飲業蓬勃發展，不僅是大型的「集團式」或「連鎖式」的餐飲經營業者持續擴充，單店式經營，從精緻具特色的高價餐廳到平民小吃，皆不在少數。人員招募主力八成以上皆在基層人員（如餐廳服務人員、廚房助手等）。若徵才力不足會影響到留才的空間，會造成產業人才培育與留用的惡性循環。

工作從「選」才開始，招募與遴選的方式與策略，隨著社會進步，科技時代的來臨，已經改變了主要的招募與遴選形式。「訓」才的功能主要是讓員工能符合企業的需求，並提升自我的專業技能，進而為企業獲取最大的利益，藉由完整的訓練規劃，協助企業內員工的成長，員工都是企業最重要的資源。選對了人，有好的培訓計畫之後，要讓員工適得其所、發揮長才；同時企業須能提供有競爭力的薪資報酬、有良好工作環境和具願景的職涯規劃。「用」、「留」更是人力資源管理工作需面臨的挑戰。

一、人員的選用——招募與甄選

當人力需求確定時，招募與運用的程序即可開始，招募是找尋可能的員工和吸引他們來應徵的過程，甄選是採用各種不同的形式來決定是否錄取僱用。

目前企業最常見的招募方式是透過網路人力銀行，由於科技進步、網路發達，已經改變的人們的生活習慣，速度快、成本低、具彈性，沒有時間與空間的使用限制，因此透過「網路」的方式來媒合，餐飲業亦是如此，具規模的餐廳也會透過自設的官網來進行招募。對於廚房的員工招募，並非所有的招募方式都適合，由於廚師的專業技術性，以及會由主廚帶領團隊或是自行尋找合作夥伴的文化，「員工介紹」的招募方式也是最常運用的方式，另外「報紙」的分類廣告是一般小型餐飲業尋找廚房人員最常見的方式。隨著餐旅學校的廣設，有制度化的學習廚藝技術，透過「建教合作」與「實習」，讓餐飲業獲得更多人力的機會。

至於遴選的方式，面試是不可或缺與最基本的模式，而廚房廚師的選擇上，過去習慣會要求應徵人員前來廚房實際工作，試做幾天，但因為適法性的問題（不支薪），目前通常會在面試的過程當中，增加現場實際製作料理方式，來確定是否錄用。

二、員工培訓——教育訓練

對企業而言，訓練的目的是希望透過學習的過程，能改變員工的行為表現，使其能與公司的標準相吻合。有規模的企業，訓練的種類相當多元：新進員工訓練、在職訓練、交換訓練、儲備人員訓練、派外受訓、主

管研習等。

(一)新人訓練

新人訓練對所有的公司來說都是相當重要，在餐飲業卻是常被忽略，對廚房而言更是常見，餐飲業的高流動率是造成訓練難以進行的最主要因素，也往往變成惡性循環，人力不足，新人一進廚房就是馬上進行實際工作營運，沒有多餘時間去熟悉環境與認識公司，也變成容易再次流失的原因。因此當餐廳想要建立機制與永續經營，就是從新人的培訓開始做起，認識企業文化、瞭解自己的工作環境與工作內容、給予最基本的工作規則、職場安全衛生訓練與解說。**表8-3**為餐飲部西廚房新進員工學習訓練舉例。

(二)在職訓練

在職訓練是最常見、頻率最高與執行方式最多元的一種訓練，從員工進入工作地點的第一天就開始了。小型餐廳人員配置有限，就是採用一對一在職訓練的方式進行工作的學習，就是讓資深的員工來帶領與教導。具有訓練制度與機制建立的連鎖系餐飲業或是飯店內的餐廳，就會利用空班時間，採用上課方式，來進行在職訓練，建立類似學校授課取得學分的學院，根據組織內的部門、單位、職級不同，規劃訓練課程，有專門的訓練單位，將培訓與考核晉升連結，真正做到員工培訓與職涯規劃。

過去廚師的工作與學習環境，皆是以「學徒制」的方式，完全的技術導向，採用個別傳授技藝的模式進行，儘管現今的廚房環境與廚師傳承的形式依舊存在，但隨著企業化、連鎖經營化，還有科技化的改變，教育訓練的制度建立，有助於廚房管理與廚師培訓與發展。

(三)交叉訓練

交叉訓練讓廚師能學習多樣化的工作站與技術，有利於廚房的人力運用，也能增進廚師的廚藝能力，可以延長與發展廚師職涯規劃。

表8-3　新進員工學習訓練執行表

部門／單位：餐飲部／西廚房

姓名：　　　　　　　訓練時間：　年　月　日至　年　月　日

時間	學習／輔導內容	輔導員簽名	評語
	飯店安全衛生課程 早班： 1.熟悉工作環境及相關資訊 2.瞭解如何現場服務煎蛋 3.瞭解如何適時補菜 4.瞭解早班準備工作 5.瞭解如何擺設客房水果 晚班： 1.熟悉工作環境及相關資訊 2.瞭解如何做現場服務（切肉，BBQ） 3.瞭解如何適時補菜 4.瞭解與早班交接班及準備工作		
	早班： 1.瞭解如何準備à la carte 餐點 2.瞭解冷廚所提供之餐點 3.協助製作自助餐之沙拉 晚班： 1.瞭解如何準備à la carte 餐點 2.瞭解冷廚各式三明治及冷飲		
	早班： 1.瞭解如何做簡餐早餐及三明治 2.瞭解如何擺設套房水果 晚班： 1.瞭解自助餐檯擺設 2.瞭解如何製作各式沙拉醬汁 3.瞭解如何領貨 4.瞭解如何辨別食材的好壞		

注意事項：
- 此表為單位執行新進人員訓練標準書面格式。
- 各單位應妥善保存此表，於新進人員抵達單位後，即由指導員依表列著手訓練。
- 各單位應依新進人員學習能力、工作效率、合作程度、自主應變能力等進行考評。

單位主管：＿＿＿＿＿＿＿＿　　日期：＿＿＿＿＿＿＿＿

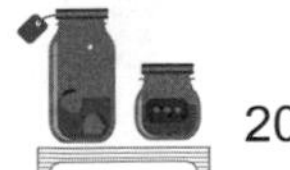

(四)主管研習與講座

廚師除了專業技術的精進，若要進階到管理職，可以透過舉辦研習與專題講座學習到管理方面的知識與能力，如行銷、財務報表、人員管理等。

一般餐廳廚房的人力配置相當有限，不同工作站或是區域通常僅有一位廚師，甚至是廚師須具備至少熟悉一個以上的工作站，才能降低人事成本，因此對於連鎖餐廳或是大型餐廳，會希望將工作內容與產品製作盡可能標準化，才有辦法透過制度化的工作流程來培訓員工，並且還能保留廚藝與技術的展現，提供美味料理讓顧客享用。

三、薪資規劃與晉升制度

餐飲業一直被認為進入門檻不高，員工工作時間長，薪資水準低的產業。判斷薪資高低，應該要從兩個面向去思考：直接支付，如工資、獎金、佣金、紅利等，屬於實際的酬勞給予；間接給付，是較容易被忽略的部分，如雇主提供的保險與休假等，另外如提供制服與換洗、員工餐，算是工作時的費用與成本。薪酬的設計必須兼顧內部公平、外部公平與員工公平，才能達到吸引、激勵與留任人才的效果。近年來餐飲業的連鎖經營化，以及消費者對餐飲的需求，再加上企業對人力資源的逐漸重視，也讓大型餐飲企業員工薪資獲得較公平的對待。例如：以賣小籠包崛起的鼎泰豐餐廳，外場人員起薪達3.9萬～4.3萬元，廚師起薪5萬元，56%營收是員工薪水，相較餐飲業員工平均流動率高達5～6成，鼎泰豐員工平均流動率僅2%。

一家餐廳是否受到歡迎，能順利營運，必須提供讓消費者接受且具價值的料理，廚師的專業技術展現是不可或缺的，也因此廚師的薪資報酬也會隨著廚藝技術與經驗成正比，以餐飲業的組織結構中，廚房的廚師薪資相對於外場員工是較高的。而對連鎖經營的餐飲業而言，致力於標準化，除了為使產品具一致性之外，也是為使人事費用降低，從管理角度而言，也不會受制於人為因素的影響。

企業要提升競爭力，在人力資源管理方面，透過員工的晉升及輪調，不只可以運用晉升來激勵員工、輪調增進員工更瞭解職務的多樣性和變化，進而提升其工作的績效，才能對於企業的創新、經營績效及管理構面，產生正面的效果，增加企業產值及利潤。

瓦城泰統集團——建立東方爐炒廚房連鎖化系統與創立創東方廚藝學院

複製東方料理成功方程式，希望讓東方菜成為國際之光

瓦城泰統集團，在1990年開設第一家以泰式料理著稱的瓦城泰國料理餐廳，在經過二十年的努力，現為全台最大單一連鎖餐飲品牌。瓦城泰統在2018年營業收入近新台幣五十億元，將難以複製傳承的東方菜，透過「食材規格化」、「廚房管理科學化」與「廚藝人才制度化——十一級臂章制度」，讓旗下七個品牌、超過一百一十間店、超過五百位廚師，都能有一致性的品質，瓦城泰統所秉持的是一種堅持的精神，更希望能用東方菜讓東方文化躍上國際。

◎「東方爐炒廚房連鎖化系統」

「食材規格化」與「廚房管理科學化」，原料食材都有專用的規格與驗收標準，料理製作的每一個環節都有明定數字標準。空心菜的長度一定要13～17公分，菜梗直徑0.4～0.7公分。而廚房管理科學化，則是嚴格執行控菜系統管理，東方料理做菜工序複雜，為了達到口味一致，從研發菜色開始就需要進行科學化的測量與管理。必須詳細與嚴謹訂出食材規格、配方、調味、烹調程序，並且經過多次試做，來完成每一道菜色的研

發。瓦城泰統集團希望達到顧客能在八分鐘內吃到第一道菜，二十五分鐘以內能將所有的料理上桌。

◎首創「廚藝學院」——十一級臂章制度

傳統中式餐飲的製作與廚師培養幾乎都是傳襲師徒學制，複雜的食材、配方、細微調味、烹調法與工序，讓中餐廚師很難有標準化與制度化的學習，中式餐廳的生意與口碑端賴大廚——主廚的手藝來決定。對餐廳的營運與管理具有風險性。

瓦城泰統「十一級臂章廚師人才培育制度」，仿效跆拳道升級概念，以十一種不同顏色的臂章，建立分級制度，代表廚藝學習發展和培訓的十一個階段，進而成立廚藝管理學院，讓人才廚藝與管理兼備、透過在廚藝學院的鍛鍊，可建立廚藝團隊堅持品質、講求分工合作、重視榮譽的工作文化。每位廚師用的刀子上都刻著「美味就在細節裡」，是一種自我要求的精神。在瓦城泰統廚藝學院，訓練不藏私，人人都有成為大廚的機會，通過學科筆試與術科實測，就可以升級，每個階段約須三個月，順利的話，兩年內就可以成為餐廳基層主管的綠帶師傅，五年可以拿到紅帶，晉升為廚房經理，獲得黑帶則可以成為區經理並且升任為公司的管理階級。

瓦城泰統將東方菜系廚房人才培訓制度化，對廚師應具備的技術與能力進行培訓與考核。提供廚師人才學習環境，以及晉級的榮譽感與成就感，在學院中不斷精進廚藝以及管理能力。企業內所有廚師都能透過透明化的制度設定目標突破，不斷提升自身能力，並對未來職涯有明確的規劃與願景。

資料整理自：2019/9，瓦城泰統股份有限公司，〈2018企業社會責任報告書〉；2015/10/01，東森新聞，〈瓦城泰統集團——讓東方菜成為國際之光〉；2012/06/16，《遠見雜誌》服務業特刊——這才是第一名的服務！

四、績效評估——員工改善計畫

員工考核績效評估是一種正式的員工評估制度，對餐飲從業人員工作能力、工作表現、工作態度、發展潛力，予以客觀、公正進行有系統的評鑑，也是作為調薪、解職或晉升等人事決策的參考依據。績效評估是企業管理者與員工之間的一項管理溝通活動。績效評估的結果可以直接影響到薪酬的調整、獎金的發放及職務升降等員工的切身利益。廚房的主要任務是提供與製作餐點，是屬於餐廳的後場或後勤單位，通常不會負責到業務或販售工作，無法以營運業績來評估其績效。

績效指標可分成兩大類：量化績效指標與質化績效指標，量化指標通常指可以數字來呈現的指標，如營運銷售、單位成本、產出比例、投入產出比等，若以人力資源管理的角度，如廚師的產值可以製作料理的時間、失誤率等作為指標。質化指標則會涉及價值評斷的指標，通常會是以主觀感受加以表示，如員工態度、整體的表現與同儕相處溝通、顧客對料理滿意水準等。隨著餐飲企業化，愈來愈重視管理，會將判定經營績效的主要指標「關鍵性績效指標」（Key Performance Indicator, KPI）轉化為員工個人行為及成果的評估指標，績效指標的設定應兼顧兩者。經過績效的評估，可以進一步作為工作輔導、決定訓練需求及員工生涯發展管理之依據，其在人力資源管理活動中，扮演著舉足輕重的角色。

五、福利制度——創造有生產力的工作環境

員工福利指的是企業在給付薪酬之外，還願意額外提供給員工的利益與服務（權利）。利益是指如金錢或等同的價值，例如除了政府要求企業提撥的勞工退休金、特休假（年假）、勞工保險之外，公司願意再給予的退休金、增加特休假天數、團體保險等；服務或是權利，則是指非直接的金錢形式，如休閒設施使用、康樂活動等的提供。

(一)員工福利

員工福利的形式與措施大致分成三種類型：經濟性、休閒娛樂性與服務性。

1.經濟性：如額外退休金給付、團體意外險、壽險、員工購屋補助、買車貸款等。提供員工額外的經濟安全服務，減輕員工負擔或增加額外收入。
2.休閒娛樂性：如辦理國內外員工旅遊、慶生會；設置運動、休閒娛樂設施；舉辦運動或歌唱比賽等。透過活動，促進員工身心健康及加強員工對公司認同感。
3.服務性：提供員工宿舍、交通車、保健醫療服務、育嬰室、圖書館等。由公司提供各項設備或服務，提供相關於員工日常所需的便利性。

完善的福利措施或許會使業者提高經營成本，然而願意付出與給予員工而形成的企業文化是無形的。福利措施的效用須和直接報酬的薪資一併施行與考慮。

(二)工作環境與勞資關係

廚房是食材準備、料理與廚藝產品製作的地方，除了注重安全衛生之外，隨著製備過程或是用餐期間，廚師需要長期處在高溫、出餐壓力的張力之外，不管在精神專注或是體力消耗上，都容易影響表達或是情緒上的呈現，因此提供良好的工作環境，給予廚師發揮空間是相當重要的。

激勵指的是激發員工的工作動機，而動機就是所謂的需求、需要，亦可說為是一種尋找目標的驅使力。在管理上，管理者可運用激勵手段和原則，以激發員工的工作動機。除了一般的福利制度，對廚師而言，若能舉辦一些廚藝相關的比賽，讓所有廚師都有機會開發或參與設計創新菜單，對於激勵廚師工作意願將會有莫大助益。

若無法建立良好勞資關係，容易造成員工情緒低落、生產效率降低、員工異動率高、員工違紀情事增加，有時甚至引起怠工、罷工，無論對資方利潤或勞工生活，均有不良的影響。勞資雙方或勞工與代表資方行使管理權的人員之間，相互交往的過程，其乃包括對薪資、福利、工作情境以及其他有關僱用事宜的溝通、協調、爭執、協議、調適、合作等的一連串活動，都屬於勞資間需要面對的項目。若能將選訓用留等各項人力資源管理的工作充分協調與運作，才能有助於企業的永續經營。

第四節　其他（影響廚房人力資源管理的因素）

廚師是飲食文化的創造者，良好的廚師除了能製作一手好菜，還能創造產品的無限價值。廚師在專業形象與餐飲文化涵養均須不斷提升。發展廚師的專業能力，並提供專業能力進修的協助，將有助於廚師自信心的建立，以利於餐廳有效經營。

「廚藝創新」的基本概念是一個價值創造，其憑藉著產品本身具備的差異性作為策略性的競爭優勢。不管是在嫻熟技術、藝術美觀或是專業知識層面，創造力的持續發展是提升廚藝的重要因素。在變遷快速且較競激烈的餐飲市場中，創意廚藝成為難以複製的競爭利器，甚至也是餐廳營運獲利與成功的關鍵因素。

廚房的人力資源管理，除了前面三節所論述的內容之外，仍會受到一些內外在條件與問題的影響：廚師本身的特質與應具備的本職學能差異、企業對廚藝創造力的運用與重視、廚房專業化與標準化、科技化與網路化、勞動法規的變革，都對廚房人力資源管理的執行與運作有所影響，必須彈性運用人力資源管理的工具來面對多變的影響因素。

一、廚師特殊屬性與應具備條件

每一位員工對企業來說都相當重要，對餐飲業而言，廚師絕對是創

造價值的重要因素，相當多具有特色的餐廳所提供的餐點與展現出來的風貌都與廚師特質與本職學能有關聯性。

(一)廚師所具備的特質

廚房內一天的工作，包含了各類食材的進貨驗收、搬運、分類儲存，針對今天甚至未來幾天內的訂位狀況，進行食材的前置作業準備、現場顧客需求料理製作，餐期結束後的整理清潔；空班或有空餘的時間，還須思考與設計創新菜單，因此作為一位廚師所應具備的特質，可以透過以下的說明來認識與瞭解：

1.耐力：工時長、高溫與高壓力的環境，需要擁有足夠耐力來面對。

2.體力：進貨搬食材、使用大型湯鍋與器具、前製備——備料、彎腰掃地、刷地。

3.敏感的味蕾：廚師須味覺敏銳，分辨出細微差異，並且能夠複製記憶中的味道。

4.專注力：廚師必須隨時注意廚房節奏、顧客點單、團隊溝通，呈現完美一致菜餚。

5.組織能力：mise en place，時時刻刻都必須有條有理。

6.對食物的熱情：為食物深深著迷，嘗試各種新食材。

另外，還應具備靈敏度、敏銳度、願意傾聽、勇於自我檢討團隊精神、企圖心等特質，在成為具有影響力的大廚時不忘保持謙遜。

(二)專業證照與本職學能

◆烹調相關技術士證——中餐、西餐與烘焙

依《食品良好衛生規範準則》，凡以中式餐飲經營且具供應盤菜性質之觀光旅館之餐廳、承攬學校餐飲之餐飲業、供應學校餐盒之餐盒業、承攬筵席之餐廳、外燴飲食業、中央廚房式之餐飲業、伙食包作業、自助餐飲業等，其僱用之烹調從業人員，應具有中餐烹調技術士

證。

另外根據《食品業者專門職業或技術證照人員設置及管理辦法》第5條規定，應聘用烹調相關技術士證之餐飲業別及比率：觀光旅館之餐飲業85%；承攬機關餐飲、供應學校餐飲、承攬筵席餐廳、外燴飲食之餐飲業75%；中央廚房式之餐飲業70%；自助餐飲業60%；一般餐館餐飲業50%；前店後廠小型烘焙業30%。

以上可知廚師應具備烹調相關技術士的重要性，目前政府的規定主要是中餐烹調丙級為主，隨著證照取得的普及率，以及專業技術的要求，未來將朝應具備更多元、更具高層級（乙級證照）的標準與規範。

◆基本本職學能

一個廚師要能訂菜單及烹調餐食，並監督及協調廚房之工作，再根據其個人經驗，決定食材用量並檢查其品質，最後確保食品處理安全及衛生。除此之外，一個廚師也該具有色香味控制能力、菜餚變化製作能力、人際溝通能力、菜單設計分析處理及食物供應管理等能力，可稱之為一位專業廚師。

◆廚藝創造力

在高度競爭的餐飲市場中，創新是獲得競爭優勢的重要策略之一。廚藝專業人才須以專業知識及技術為基礎，並兼具文化及藝術方面的涵養，廚藝創新會是餐飲業能持續營運獲利的關鍵因素。

廚藝的基本要素是將各種食材、技術與盤飾擺設的運用整合，職能則是為知識、技能、行為與態度的組合。因此，創新食材運用、烹飪技術、飲食文化與美學藝術呈現的廚藝創新職能已成為廚師所應具備。

為提升廚師的廚藝創造力，公司可以提供內外在動機、給予廚房資源與支持，創造多元豐富的創意廚藝環境，促進廚師有更好的創造力表現。

二、餐飲未來發展趨勢的影響

(一)企業化經營——連鎖化、專業化與標準化

企業化可以提高人才投入的吸引力與經營水準，穩定改善品質。產飲業過去大多是透過家傳或是獨立經營的方式，餐飲業的蓬勃發展來自於需求的提高，餐飲產業持續呈現多元的發展，也愈來愈多採企業化模式，將有助於產業的成長與發展。

美味的佳餚是吸引顧客願意前來消費的主因，當餐飲的經營能夠專業化與標準化，涵蓋食材、調理流程之標準化等時，就有機會進一步將餐飲連鎖化經營。餐飲業的標準化與連鎖化，可因大量進貨，品質穩定，降低食材成本；而在人力資源方面，尤其是廚房的料理製作，可因標準化結果使各職位之工作內容明確，建立有系統的管理與製作技術及訓練標準。雖然廚藝的呈現在於廚師的特色展現，但連鎖餐飲業，不管是要製作精緻料理，或是簡單化餐點，都能夠透過標準化的設定，來滿足顧客需求。廚師的角色將會更明確，一般的廚師必須持續強化自我能力，才有晉升機會。

(二)網路化、自動化與科技化

科技的進步與網路的運用，已經快速地影響到餐飲業的未來發展與規劃。「機器人手臂／廚師」，未來機器人取代廚師的工作，也已經有其可能性，隨著科技進步，可以設計出更精密、複雜的作業程序，切菜、煎、煮、炒、炸等烹調與製作過程，都能夠透過機器手臂來完成，目前因為成本過高，尚不太可能完全取代，但已是未來趨勢。

「3D列印」技術亦開始運用在餐點製作上，店家賣的餐點全是經3D列印而來，挑戰消費者對創新創意的接受度，英國一家餐廳從家具、餐具到食物都是3D列印，業者與廚師一起研究如何發揮列印機的優點，與廚師長處結合，做出精緻美味的料理。

智慧型行動裝置的普及，亦挑戰著以專業技術為重的廚師，網路資訊的取得與資源分享，讓過去較不易取得的料理配方、製作程序等都完全公開化，好處在於人人都可以自主學習做大廚；而對於專業廚師而言，應該更主動積極學習與創新發展，才能更有助於職涯發展。

三、缺工問題與政府法規的影響

由於餐飲產業的工時長、勞力密集與營業有明顯的尖離峰時間等特性，讓產業在人力資源運用與管理上並容易，再加上新世代的價值觀與對工作的認同，與過去世代有相當大的不同。餐飲業必須面臨正職員工培訓養成不易與員工離職率而造成人事成本提升，因此採用計時工讀的臨時工方式，在餐飲業相當普遍。

(一)非典型就業——計時工讀

「非典型就業」是指企業為節省人力成本，聘僱非正式的工作人員，如部分工時、臨時工或人力派遣等。餐飲業必須透過採用計時工讀的方式來降低人事成本，以及彈性運用。廚房因製作料理的專業技術性，較無法透過臨時工的方式來運作，但隨著餐點製作的標準化、專業分工明確後，在缺工問題仍存在的問題之下，廚房也採用計時工讀的人力資源運用方式，但對廚房的工作而言，在尋找計時工讀時仍是會考量工作經驗以及是否具有廚藝的相關知識與能力。

(二)新世代員工特質

相對於管理階層的人才管理，人資部門另外所須面對的挑戰則是如何妥善運用非典型、新世代的員工。一般所稱的Y世代與Z世代（泛指介於20～40歲），是目前人力市場最主要的來源。

又稱為N世代（The Net Generation）或是網際網路世代（The Internet Generation），出生在網際網路、智慧手機等科技產物流行的時代，由科技發展形塑的社群關係與價值觀深深影響Z世代的自我認同。具有其獨特之人格特質：凡事講求快速、較以自我為中心、且具有強烈的自尊心，不願被束縛、追求自我實現。新世代員工的管理與計時工讀管理，需要設計出更具有彈性與更多元化的選、訓、留、用策略來面對。

(三)勞動相關法規變革

政府為規定勞動條件最低標準，保障勞工權益，加強勞雇關係，促進社會與經濟發展，特制定《勞動基準法》，在勞動契約、工資、工作時間與休假、退休、職業災害補償、工作規則、監督與檢查等面向，制訂相關法規。對於餐飲業而言，主要在於營業時間與其他一般公司行號有所差異，因此在工作時間與休假，以及衍生的工資計算，常見到勞資糾紛與疑慮。

例如政府於2016年推動勞工工作日數的改革政策，目的在於讓台灣勞工全面落實「週休二日」，一般稱為「一例一休」政策，「每七日至少應有二日休息，其中一日為例假，另一日為休息日」，前者為強制休假，後者則保留彈性加班的空間，以確保勞工有足夠的休息時間，以及可以彈性加班的空間，並增訂「休息日出勤工資計算標準並列計於延長工時」等（**表8-4**）。

以每天工作12小時為例，不同加班日別，產生的加班費皆不相同。

1.國定假日或特休假加班：加班1～8小時加班費2倍計算，未滿8小時以8小時計算。
2.例假日加班：加班1～8小時加班費2倍計算，以8小時計算；第9～12小時，每小時以2倍計算。此外，需再加發一日補休。

「一例一休」的訂定，主要是為了保障勞工，能有正常與規律的休假。餐飲業採用彈性工時方式，一例一休政策的執行，對廚房而言，在人力配置上面更顯得不容易運作，因此更必須要搭配與選擇採用計時工讀的方式來因應。

表8-4 「一例一休」例舉

加班日別	加班費試算（以每小時工資額150計算）
工作日	150 X $1\frac{1}{3}$ X 2（1-2小時）＝400元 150 X $1\frac{1}{3}$ X 2（3-4小時）＝400元 **當日薪1,200元＋加班費900元＝2,100元**
休息日	150 X $1\frac{1}{3}$ X 2（1-2小時）＝400元 150 X $1\frac{2}{3}$ X 6（3-8小時）＝1,500元 150 X $1\frac{2}{3}$ X 4（9-12小時）+150（本薪加給）X4（9-12小時）＝1,600元 **當日薪1,200元＋加班費3,500元＝4,700元**
國定假日／特休假日	150 X 8 （前8小時）＝1,200元（未滿8小時也是要給一日的日薪） **當日薪1,200元＋加班費1,200元＝2,400元**
例假日 （非天災、事變或突發事件禁止於例假日工作，屬於違法事項）	150 X 2 X 8 （前8小時）＝1,200元 **當日薪1,200元＋加班費1,200元＝2,400元＋補休1日**

參考文獻

2012/06/16，《遠見雜誌》服務業特刊——這才是第一名的服務！

2015/10/01，東森新聞，〈瓦城泰統集團——讓東方菜成為國際之光〉。

2019/09，瓦城泰統股份有限公司，〈2018企業社會責任報告書〉。

Hu, M. L. (2010). Discovering culinary competency: An innovative approach. *Journal of Hospitality, Leisure, Sport & Tourism Education, 9*(1), 65-72.

Shalley, C. E., Zhou, J., & Oldham, G. R. (2004). The effects of personal and contextual characteristics on creativity: Where should we go from here? *Journal of Management, 30*(6), 933-958.

王瑤芬、陳素萍（2010）。〈國際觀光旅館餐飲部中階主管工作職能之研究〉。《餐旅暨家政學刊》，第7卷，第4期，頁299-323。

台灣趨勢研究（2019）。〈TTR台灣趨勢研究報告：餐飲業發展趨勢〉，http://www.twtrend.com/share_cont.php?id=51。

行政院主計總處（2019）。〈108年事業人力僱用狀況調查結果綜合分析〉，http://www.dgbas.gov.tw/lp.asp?ctNode=3316&CtUnit=947&BaseDSD=7&mp=1。

吳仕文、吳菊、陳立真（2015）。〈廚師不同學習背景對廚藝創造力發展歷程差異之研究〉。*Journal of Chinese Dietary Culture, 11*(2), 111-146。

柯文華、李佳靜（2010）。〈臺灣中餐廚師專業職能、繼續教育與職涯發展關聯之研究〉。《餐旅暨家政學刊》，第7卷，第3期，頁261-283。

洪久賢、胡夢蕾（2008）。〈廚藝創造力發展歷程量表之發展研究〉。《教育心理學報》，39卷，頁1-20。

倪維亞（2013）。〈餐飲從業人員衛生知識之研究〉。《輔仁民生學誌》，第19卷，第2期，頁19-37。

高秋英、林玥秀（2013）。《餐飲管理——創新之路》。新北：華立。

許耀宇、鄭維智（2015）。〈我國持證廚師接受衛生講習現況分析〉。《食品藥物研究年報》，第6期，頁324-329。

陳貴凰、洪文發（2011）。〈不同世代台灣廚師職涯發展之研究〉。《餐旅暨觀光》，第8卷，第3期，頁167-189。

陳儀玲、駱佩君、駱香妃（2018）。〈廚師職場友誼、工作雕琢與廚藝創新職能關係之研究〉。《輔仁民生學誌》，第24卷，第1期，頁25-41。
蕭漢良（2018）。《餐旅人力資源管理》。新北：揚智。

Chapter 9

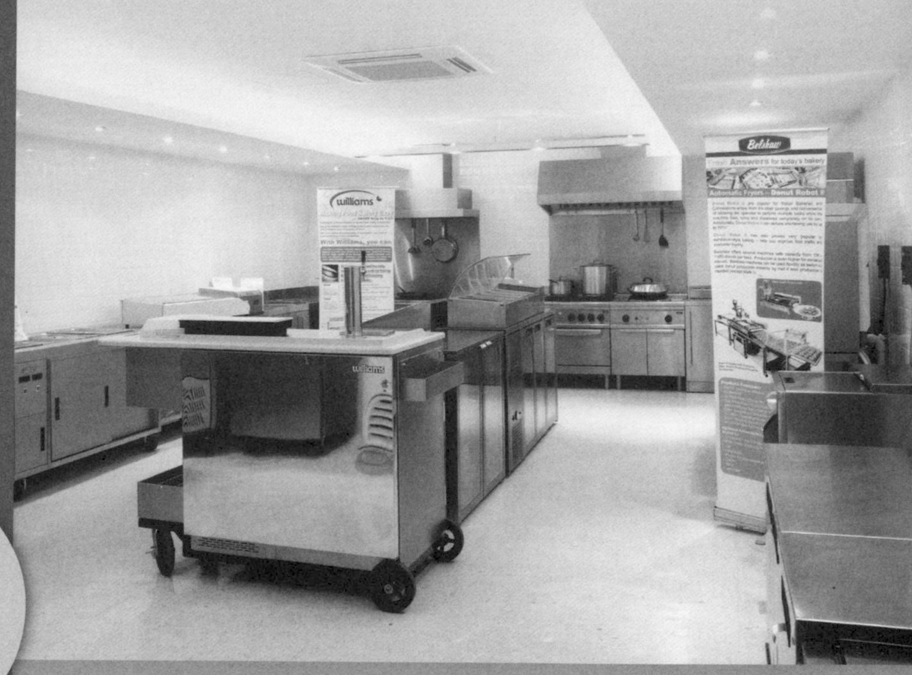

廚房安全衛生管理

- 第一節　食品安全與衛生
- 第二節　從業人員——廚師應注意的安全與衛生
- 第三節　廚房食品衛生與工作安全規則

由於經濟型態及國人飲食習慣的改變，外食人口增加的結果帶動了餐飲業的蓬勃發展。近年來食品安全重大事件接連發生，已衝擊社會大眾對於食品安全衛生之信心。「民以食為天」，飲食是一般民眾的生活所需，從小吃店、夜市美食到提供精緻美食的高級餐廳與連鎖餐廳，餐飲業的安全衛生已成為國人持續關注的課題，尤其是接觸食材、提供與製作料理的廚房和相關從業人員，更需要全面性重視食品安全與衛生，並予以實踐。為使廚房能落實食品安全衛生的管理，須重視從業人員工作前的準備與個人衛生管理；廚房的安全衛生、食品洗滌與料理前處理、烹調與加工調理衛生等面向。

除了隨時注意廚房內的各項安全衛生管理，大型餐飲業與飯店內的餐飲單位，亦可以透過規劃與訂定「危害分析重要管制點」（HACCP）計畫，進行食品安全品質的監控，為降低食品安全危害。

第一節　食品安全與衛生

一、食品安全衛生規範

廚房為餐飲業儲存食材、處理與烹調製作料理的場所，政府針對食品安全衛生相關的法規與規範有如下介紹：

1. GHP：「良好衛生規範」（Good Hygienic Practice），針對所有製造、加工、調配、包裝、運送、貯存、販賣的場所，像是工廠、加工業者、大賣場、餐廳等，都要執行符合衛生要求的自主管理制度。
2. GMP：「良好作業規範」或「優良製造標準」（Good Manufacturing Practice），是一種特別注重製造過程中產品品質與衛生安全的自主性管理制度。因為用在食品管理，所以稱作食品GMP，食品GMP誕生於美國，因為相當受消費大眾及食品業者的

歡迎。於是日本、英國、新加坡和許多國家也都引用食品GMP。我國在民國78年亦引進食品GMP自主管理制度，並且加以推廣。

3. HACCP：「危害分析重要管制點」（Hazard Analysis and Critical Control Points），建立在GHP基礎上，分析食品製造過程中可能出現之危害，並於製程中尋找重要管制點予以即時控制，使危害不致發生於最後成品之預防系統。HACCP較一般熟知的GMP或GHP都來得嚴謹，也更符合專業管理的需求。

目前政府是由衛生福利部食品藥物管理署（Taiwan Food and Drug Administration, FDA）負責食品相關的管理，食品衛生管理方面，透過食品行政管理業務以及查驗、檢驗、稽查等業務之整合，以科學實證支援業務管理，強化食品衛生安全。廚房所需注意與重視的食品安全衛生，相關的政府規範最主要的就是《食品安全衛生管理法》、《食品安全衛生管理法施行細則》與《食品良好衛生規範準則》。

二、危害分析重要管制點（HACCP）

危害分析重要管制點（Hazard Analysis and Critical Control Point），HACCP系統制度，已是世界各國普遍認定是目前最佳的食品安全控制方法，相關單位為確保國民飲食衛生安全，在國內，正加強輔導業者建立自主管理之制度，著重消費者吃的安全，並推動國內食品工業之整體發展，以促進產業升級，促使國內食品業更能適應國際化的競爭；在國際上，推動國際食品之相互認證，以確保進出口食品之安全衛生。

1. HA（危害分析）：係指針對食品生產過程，包括從原料採收處理開始，經由加工、包裝、流通乃至最終產品提供消費者為止，進行一科學化及系統化之評估分析以瞭解各種危害發生之可能性。
2. CCP（重要管制點）：係指經危害分析後，針對製程中之某一點、步驟或程序，其危害發生之可能性危害性高者，訂定有效控制措施與條件以預防、去除或降低食品危害至最低可以接受之程度。

目前針對旅館業附設餐廳，要求應符合食品安全管制系統準則之規定，是依《食品安全衛生管理法》第8條第二項規定訂定之。國際觀光旅館或五星級旅館附設餐廳，應有一餐廳以上實施食品安全管制系統。

而為提升餐飲衛生安全，強化餐飲從業人員素質，維護消費者權益，則是鼓勵業者自主管理，並配合餐飲衛生政策之目的，建立餐飲業食品安全管制系統衛生評鑑（以下簡稱本評鑑）供餐飲業者自由參加。為積極與有效推動餐飲業主動符合《食品衛生管理法》第8條第二項所規定之「食品安全管制系統」。

適用之餐飲業別：觀光旅館（含國際觀光旅館及一般觀光旅館）、中央廚房、每餐製作500人餐以上之伙食包業別、營業場所容納200座位數以上之餐廳與速食業。

食品安全管制系統，指為鑑別、評估及管制食品安全危害，使用危害分析重要管制點原理，管理原料、材料之驗收、加工、製造、貯存及運送全程之系統。包括下列事項：(1)成立食品安全管制小組（以下簡稱管制小組）；(2)執行危害分析；(3)決定重要管制點；(4)建立管制界限；(5)研訂及執行監測計畫；(6)研訂及執行矯正措施；(7)確認本系統執行之有效性；(8)建立本系統執行之文件及紀錄。

三、食物保存與預防食物中毒

(一)各種食品與材料保存

1.蔬菜、水果類：先清洗外皮，再擦拭乾淨，以容器分類裝好，儲存於冰箱，須隨時注意是否有腐爛或變質情形。

2.魚類、海鮮類：魚須先去除鱗片與內臟，魚類與海鮮類清洗乾淨、瀝乾後，分裝入保鮮袋後，冷凍或冷藏之。

3.肉類：整塊肉類經過清洗、瀝乾，若需要可先行切塊，裝入保鮮

袋，放入冷凍或冷藏。冷凍肉品須事先退冰，可於前一日將肉放置於冷藏解凍。

4.蛋類：需要注意是否已有表殼破損或蛋液流出的狀況。將蛋的表殼髒汙部分擦拭乾淨，再放入冰箱，取用時要記得先進先出原則。

5.乳製品：牛奶與鮮奶油保持在溫度2℃～5℃，並要隨時注意保存期限。起司類要以保鮮膜或置於有蓋容器內保存。

6.冷凍食品類：須隨時注意冷凍冰箱溫度，儘量減少打開冰箱之次數，如需解凍使用，應先移至冷藏冰箱退冰。冰箱不宜放置過多食品，影響冰箱溫度。

7.調味品類：瓶裝與罐裝類製品須先檢查食用期限。表面若有生鏽或凹凸異狀，不建議食用。選擇陰涼、通風好的地方存放，避免陽光直接照射，未使用完的罐裝或瓶裝食品，應該另外以有蓋容器盛裝，妥善保存。

(二)食物中毒

造成食物中毒的可能因素有：原食物材料已經腐爛、誤食有毒的菜餚、冷藏保存不當（食物未冷，即放入冰箱）、製造者感染病毒、已調理的食物再加熱時處理不當、烹調過程中處理不當、新鮮食品與腐爛食品混合而感染、復熱不當使用剩菜等。

衛生福利部食品藥物管理署（FDA）提倡預防食品中毒五要原則：(1)調理時手部要清潔，傷口要包紮；(2)食材要新鮮，用水要衛生；(3)生熟食器具應分開，避免交叉汙染；(4)食品中心溫度要超過70℃；(5)保存低於7℃，室溫下不宜久置。

表9-1為常見引發食物中毒之病毒說明、中毒因素與預防方法。

(三)食品加熱處理

加熱溫度越高，殺菌時間也就越短，效果會更好。

1.溫度10℃以下，可降低細菌發展速度。

表9-1　常見引發食物中毒的病毒

病毒名稱	說明	中毒因素	預防方法
腸炎弧菌（Vibrio parahaemolyticus）	存在於溫暖沿海海水30～37℃會達致病菌量	1.食用受汙染海鮮水產品 2.生熟食交叉汙染	1.澈底洗淨或勤洗手 2.充分加熱——60℃加熱以上或煮沸五分鐘，避免生食 3.生熟食分開處理 4.妥善儲存——保存於60℃或7℃以下冷藏 5.餐飲環境整潔
沙門氏桿菌（Salmonella spp.）	廣泛存於動物界，可經由人、貓、狗、蟑螂或老鼠等途徑汙染水或食品	1.食入受汙染食品，如雞蛋、生乳、禽肉或豆製品 2.食入未煮熟之食品，如未經高溫烘焙糕點、美乃滋等 3.生熟食交叉汙染	1.上述1-5項方法 2.垃圾桶加蓋 3.患者不得工作
諾羅病毒（Norovirus）	易發於季節交替時，主要透過糞口途徑傳染，或食入受諾羅病毒汙染貝類水產品	1.經由接觸病患嘔吐物或排泄物汙染的水或食品 2.生食受汙染水域生產生蠔及文蛤等貝類水產品	1.上述1-5項方法 2.餐飲人員健康——症狀解除後至少48小時後可復工
李斯特菌（Listeria monocytogenes）	廣泛存於自然界中，具有在低溫下（4℃）仍可繁殖之特性，須加熱致72℃以上	1.易受汙染——水果、生菜沙拉 2.食入未充分加熱或澈底清洗的食品所致	1.上述1-5項方法 2.注意食材衛生——要新鮮，不生食受損蔬果，水果切開及食品製備後儘早食用
金黃色葡萄球菌（Staphylococcus aureus）	存在於人體、皮膚、毛髮、鼻腔及咽喉等黏膜及糞便中	1.餐飲人員手部有化膿傷口，未妥善包紮 2.生熟食交叉汙染 3.食用未經殺菌乳製品 4.受汙染的蛋、肉製品	上述1-5項方法

（續）表9-1　常見引發食物中毒的病毒

病毒名稱	說明	中毒因素	預防方法
病原性大腸桿菌（Enteropathogenic Escherichia coli）	廣泛存在於動物體的腸管內，經由人、動物、病媒等途徑汙染水源或食品	1.食用被動物或糞便汙染的水源或食品，如未澈底加熱牛肉，生菜等 2.生熟食交叉汙染	上述1-5項方法
仙人掌桿菌（Bacillus cereus）	易由灰塵及昆蟲傳播汙染食品，可由細菌本身或由細菌產生之毒素	1.環境及人員衛生不良 2.產品遭仙人掌桿菌汙染並於室溫下儲存過久	上述1-5項方法
肉毒桿菌（Clostridium botulinum）	廣泛分布在自然界，如土壤、湖水、河水及動物排泄物中	1.嬰兒食用蜂蜜或未經削皮與澈底烹煮之蔬果 2.自行製作醃漬及真空食品，混入菌體	1.注意嬰幼兒飲食 2.注意真空包裝食品標示 3.不製作真空及醃漬食品 4.充分加熱

資料來源：衛生福利部食品藥物管理署。

2.溫度10°C～60°C，非常危險溫度，細菌在此溫度中，會快速生長，造成食品慢慢腐爛，很容易造成食物中毒。

3.溫度60°C，能消滅一般細菌與寄生蟲。

4.溫度60°C～68°C，可消滅有生長力的細菌細胞。

5.溫度110°C以上，可消滅所有有抵抗力或任何有生長力的細菌根源。

(四)食品冷藏與冷凍

一般低溫保存食品的方法有兩種：冷藏→0°C～5°C，冷凍→0°C～－40°C。

與食源性疾病相關的細菌一般會在高於4.4°C開始增生，為了減少這些細菌，美國食品藥物管理局（FDA）提供食品安全的標準規範：食物不應在4.4°C～60°C的溫度區間擺放超過兩小時；若溫度低於4.4°C，細菌雖有活動力但沒機會增生到足以干擾我們的數量；溫度若高於60℃，細菌無法存活太久。

第二節　從業人員——廚師應注意的安全與衛生

一、從業人員工作前的準備

1.須先前往醫療機構健康檢查，檢查合格後始得聘僱，雇主每年應主動辦理健康檢查至少一次。

2.體檢項目應包含：手部皮膚病、出疹、膿瘡、結核病、傷寒與A型肝炎。

3.若診斷罹患、感染上述或其他可能造成食品汙染之疾病，發病期間，不得從事與食品接觸之工作。

二、工作中應遵守

1.應穿戴整潔之工作衣帽（鞋），以防頭髮、頭屑及夾雜物落入食品中，必要時應戴口罩。

2.手部應經常保持清潔，並應於進入食品作業場所前、如廁後或手部受汙染時，依正確步驟洗手或（及）消毒。

3.隨時保持儀容之整潔，不得蓄留指甲、塗抹指甲油及佩戴飾物等，並不得使塗抹於肌膚上之化粧品及藥品等汙染食品或食品接觸面。

4.隨時注意咳嗽或打噴嚏時，以手帕遮住鼻、口，以免唾液汙染食品。

5.處理生冷食品、抽菸或出入洗手間後，必須確實洗手，並以消毒劑消毒。

6.調理食品時應戴「用畢即棄」手套。

7.手部受傷時，應以防水布包紮傷口。

8.廚房工作人員身體不適或手部受傷者，主管應暫調其工作以免汙染食品。

9.任何食品取用時必須使用夾子。

10.工作時，不得有吸菸、嚼檳榔、嚼口香糖、飲食或其他可能汙染食品之行為。

11.廚房工作人員應定期接受健康檢查及預防接種，並參加衛生講習。

三、持證規定與教育訓練

1.依食品良好衛生規範準則，凡以中式餐飲經營等餐飲業，僱用之烹調從業人員，應具有中餐烹調技術士證。應聘用烹調相關技術士證之餐飲業別及比率規定為：如觀光旅館之餐廳要求85%、承攬筵席餐廳之餐飲業要求75%、一般餐館餐飲業50%。

2.依《食品良好衛生規範準則》第24條：持有烹調技術士證者，應加入執業所在地直轄市、縣（市）之餐飲相關公會或工會，並由直轄市、縣（市）主管機關委託其認可之公會或工會發給廚師證書。

3.餐飲業從業人員，應定期接受食品安全衛生及品質管理之教育訓練。

(1)新進及在職食品從業人員應定期接受食品安全、衛生及品質管理之教育訓練，並作成紀錄（《食品良好衛生規範準則》第5條）。

(2)廚師證書有效期間為四年，期滿得申請展延，每次展延四年。申請展延者，應在證書有效期間內接受各級主管機關或其認可之餐飲相關機構辦理之衛生講習，每年至少八小時（《食品良好衛生規範準則》第24條）。

(3)實際參加講習者，將發給衛生講習時數卡，作為訓練證明。

(4)衛生講習內容與教育訓練課程內容如下說明參考：

- 餐飲業職業傷害預防、健康飲食保健、餐飲職業道德。
- 餐飲業職場健康與安全、營養規劃與飲食設計、飲食與疾病之關係。
- 食品法規現況、餐飲危害分析管制、食品良好衛生規範準則（GHP）。
- 餐飲業廢棄物管理、食物製備與安全、從食材採購驗收談餐飲衛生安全。
- 食物保存與交叉汙染防治、認識食品添加物、供餐作業流程之管制。
- 廚房消毒與病媒防治、廚房稽查與管理實務、食用油使用原則。
- 油炸油使用原則與反式脂肪、烹飪油煙的危害與預防對策。
- 基因改造食品標示與規範、如何預防食品中毒。

四、服裝儀容標準

對於餐飲從業人員的頭髮、服裝等都有嚴格的規範，以防頭髮、頭屑及夾雜物落入食品中；工作時應穿戴整潔之服裝，必要時應戴口罩；不得蓄留指甲、塗抹指甲油及佩戴飾物等（**表9-2**）。

表9-2　餐飲從業人員服裝儀容標準

頭髮	瀏海	不可遮蓋眼睛以免防礙視線
	髮飾（女）	黑色無珠飾或亮片的髮飾，請勿露出綁髮用之橡皮筋
	長髮（女）	過肩者一律盤起於後腦紮成髮髻，需使用黑色髮網
	中髮（女）	髮長未及肩者應梳理整齊，兩側頭髮不可散落遮住臉頰
	短髮（女）	應將雙耳露出，兩側頭髮不可散落遮住臉頰
	短髮（男）	兩側頭髮長度必須在耳上，不可覆蓋雙耳 頭髮不可過長而碰觸衣領
	帽子	一律著依照公司規定與發放之帽子

（續）表9-2　餐飲從業人員服裝儀容標準

臉部	鬍鬚（男）	鬍鬚必須刮乾淨，不可蓄鬍子
	耳	勿佩戴任何耳環
手	手錶	不可佩戴手錶
	指甲	指甲長度不可超過指尖
	戒指	不可佩戴戒指
	佛珠	不可佩戴佛珠
	指甲油（女）	嚴禁擦指甲油
服裝	衣服	穿著整齊乾淨的廚房服裝及長褲
	圍裙	白色乾淨圍裙
	襪子	吸汗之棉襪
	鞋子	黑色膠底防滑鞋

第三節　廚房食品衛生與工作安全規則

一、廚房製備安全衛生守則

(一)廚房之衛生應注意事項

1.洗滌、食物前處理：

(1)進行不同工作項目之前，應先洗手。

(2)應設置專屬作業區，如蔬果處理區、肉品處理區、魚貝類處理區，來處理不同類食品，以避免食品交叉汙染。

2.烹煮、調理加工衛生：

(1)食物調理檯面，應以不銹鋼板鋪設。

(2)食品、食品容器及器具不可置放於地上，以避免汙染，待洗的食品、食品容器及器具亦不可放置於地上。

(3)生熟食應分開處理，且使用過後的刀及砧板必須立即洗淨與消毒，經過濾水85°C左右沖洗之後應側立，以免底部受到調理檯面汙染。可以用砧板顏色來區分用途，白色砧板使用於熟食類，綠色砧板使用於蔬果類，紅色砧板使用於肉類，藍色砧板使用於魚貝類。如果不方便使用多塊砧板，必須在使用於不同食物之間，充分以清潔劑及溫水洗淨，以防止交叉汙染。

(4)置於熟食上、下，作為裝飾用的生鮮食品，須先經有效洗滌及滅菌措施後，作為擺飾用。

(5)烹調完成之食物應儘速供應食用。若須冷藏，應將食物分置不同容器內，儘速移置冷藏室內儲存。避免食物內外溫度不一，容易造成細菌滋生機會。

(6)廚房地板應隨時保持乾燥與清潔。

(7)地板溼滑，人員易滑倒與受傷、工作效率低、汙染機會增加、容易滋生細菌。

3.抹布使用後要洗淨消毒，浸泡於150ppm氯水中，或煮沸五分鐘，或蒸氣十分鐘以上消毒。使用抹布原則：

(1)備有多量的乾淨（保持乾燥）之抹布供應使用，或常更換清洗，避免重複使用造成交叉汙染。

(2)擦拭用具、物品要分類、分開區隔使用並集中管理，固定位置擺放。

(3)使用後，集中回收清洗並殺菌處理晾乾。

4.在設施（器具容器）方面，應注意生鮮食品與調理過之食品，應有分別，且所有容器須加蓋。

5.調理食物之區域或廚房內，不可放置有毒化學物質，如殺蟲劑、滅鼠劑等。

6.管制鼠類及害蟲，如老鼠、蟑螂、蒼蠅等會傳播細菌或毒物，均應注意及避免食物被汙染。

7.所有清潔工具必須置於特定地點，歸類放好，如拖把等。

8.新進貨品及存貨之使用，應有先後秩序，確保物品新鮮。

9.定期澈底清理如廚房角落、工作檯接縫處、冰箱底部等。

10.隨時保持廚房不鏽鋼架上之碗盤、餐具，必須收存整潔。

11.隨時保持廚房之抽油煙罩、濾油槽的清潔。

(二)防止汙染

1.定期清洗、消毒（殘氯200ppm）確保清潔。

2.蔬果、海鮮、畜產類、原料或製成品，應分開儲藏，避免相互汙染。

3.製備之菜餚，應於適當的溫度分類儲存及供應，並應有防塵、防蟲等衛生設施。

4.熟食成品或生鮮食品應有適當的容器盛裝，密封或經包裝冷藏。

5.應鋪設棧板，並不得有積水。食品儲存時間不可太長，確保其新鮮度。

6.製備過程中所使用之設備與器具，操作與維護應避免食品遭受汙染，必要時應以顏色區分。

7.冰箱或冷凍庫內不得堆放食品外之其他物品。

8.保持排水系統的暢通，遠離泥土塵埃。

9.所有廚具機器應定期檢修。

10.常見殺菌方法：

(1)煮沸殺菌法：以溫度100°C之沸水，煮沸時間五分鐘以上（布巾類——抹布）。

(2)熱水殺菌法：以溫度80°C以上之熱水，加熱時間兩分鐘以上（餐具類）。

(3)氯液殺菌法：氯液之有效餘氯量不得低於一百萬分之二百，浸入溶液中兩分鐘以上（餐具類）。

(三)廚房衛生管理：設備、機器、器械的衛生管理

1.冷藏（凍）庫管理：

(1)溫度指示器，確保冷藏溫度7°C以下，冷凍溫度-18°C以下。

(2)庫內物品需歸類排列整齊，裝置容量增在 50～60%之間，不可過滿，以利冷氣充分循環，如有必要時需加裝抽風機。

(3)裝置冰箱須遠離熱源。

(4)冷凍庫須注意結霜問題，冷凝器與安全把手尤其重要，以維持冷凍庫冷度及工作人員之安全。

(5)冰箱及庫房內食材應以食物類別分開儲存，同類食物生熟食不能混放，分開儲存，並以先進先出為取用原則。

2.設備及器具之清洗衛生，應符合下列規定：

(1)食品接觸面應保持平滑、無凹陷或裂縫，並保持清潔。

(2)製造、加工、調配或包（盛）裝食品之設備、器具，使用前應確認其清潔，使用後應清洗乾淨；已清洗及消毒之設備、器 具，應避免再受汙染。

(3)設備、器具之清洗消毒作業，應防止清潔劑或消毒劑汙染食品、食品接觸面及包（盛）裝材料。

(四)餐具的清洗管理

1.餐具洗滌程序：

(1)消除餐具上的殘留菜餚。

(2)餐具分類，相似之餐具堆聚在一起，不鏽鋼之餐具應浸入藥水（SOILMASTER）0.25%之比例加水稀釋約二十分鐘；瓷器應浸入藥水（DIPIT）0.25%之比例加水稀釋約十分鐘。

(3)用水加以沖洗殘留在餐具上的油脂性汙物。

(4)洗碗機的第一道清洗應用藥粉（SCORE），並應在溫度60～80°C，第二道用乾精加以洗濯在70～80°C之間，並每隔二至四小時要換水一次。

2.機器清洗：

(1)洗碗機在每次使用後須妥為保養，應用LIME-A-WAY澈底清洗。

(2)關掉電源後，去除且清洗簾子，檢查機器是否狀況良好。

(3)清理廢棄物排放管，檢查並清洗溢流處。

(4)清理、清洗與漂洗管，並清理最後漂洗噴管。

(5)用高壓水噴洗內部洗滌槽。

二、廚房安全管理

(一)意外事件發生成因分析

1.員工的危險行為：不必要之急速行動、提舉重物不恰當的方式、不安全的攀爬、處理熱液體，操作切磨機器等危險的方式、對四周不留意。

2.工作環境不安全：照明不夠、地板表面太滑、潑在地上的液體或食物未清理、通道上有容易絆倒的物體、有缺口的破損瓷器和玻璃器皿、設備堆置或備存方式不當。

3.各種工具和設備操作維護不當：不遵照機器操作規定、未正確使用刀具、使用表層絕緣體破損的電線、失效的設備、工具、材料沒有報修。

(二)廚房安全預防

1.環境管理守則：汙穢、混亂的環境經常是發生意外的原因。整潔的工作場所可以提高工作情緒、增進工作效率。以下為環境管理守則：

(1)工作場地應保持整潔，與工作無關的物品、器具，應退還倉庫儲存。

(2)場地、走廊、階梯、太平梯道須保持通行無阻，電線不得橫跨走道，太平梯間不得長久堆放物料，如暫時堆放物料，應注意整齊，以免絆跤行人。

(3)更衣室應保持整潔，不可亂拋菸蒂、紙屑、廢物等。

(4)通路、台階、地面要保持平坦完整，如有損壞，必須立即申請修補。

(5)地板、牆壁、桌椅等如有突出之鐵釘，必須立刻拔除，以免發生意外。

(6)工作完畢後，所有物料、工具，尤其是危險物品，一律不准留存於工作場所內。

(7)消防栓、滅火器前不准堆放雜物並保持整潔。

(8)安全門必須「隨手關門」。

2.衣著方面：穿膠底平底鞋，帽子要戴著，圍裙和衣袖要綁好，胸前口袋中不要放火柴、香菸等物品，以免掉入食物中。

3.故障的推車，應馬上報修。

4.經過轉角時不要站在推車後面推，應該在旁拉，以便可看到轉角另一方的來人或來車。

5.推車進出電梯時要找人幫忙，特別是如果升降機與地面不在同一平面，更要小心。

6.潑棄出來的油、水和食物應立即清除。

7.不得用手撿杯子或盤子碎片，使用掃帚清理。

8.擦拭鍋爐前先確認鍋爐是否還是熱的。

9.作業結束打烊後之檢查工作必須確實嚴格執行，每晚按時繳交檢查表。

附表（餐飲服務業）

餐飲業食品安全管制系統衛生評鑑

☐現場評核報告　☐追蹤查核報告　☐確認查核報告

餐飲服務業名稱：＿＿＿＿＿＿＿＿＿＿

地址：＿＿＿＿＿＿＿＿＿＿

電話：＿＿＿＿＿＿＿＿日期：＿＿＿＿＿＿＿＿

缺失扣分			評核項目	備註：請明列原因
主要	次要	輕微	（在左列缺失欄☐勾選缺失類別）	
			A.硬體管理	
☐	☐	☐	1.GHP建築與設施流程動線設計不良	
☐	☐	☐	2.GHP建築與設施維護與保養不佳	
☐	☐	☐	3.其他	
			B.GHP衛生管理標準作業程序書、記錄表單及落實情形——建築與設施	
☐	☐	☐	1.作業場所外圍環境之管理	
☐	☐	☐	2.牆壁、支柱與地面之管理	
☐	☐	☐	3.樓板、天花板之管理	
☐	☐	☐	4.出入口、門窗、通風口及其它孔道之管理	
☐	☐	☐	5.排水系統之管理	
☐	☐	☐	6.照明設施之管理	
☐	☐	☐	7.氣流之管理	
☐	☐	☐	8.配管之管理	
☐	☐	☐	9.依清潔度不同之場所隔離或區隔	
☐	☐	☐	10.病媒防治之管理	
☐	☐	☐	11.蓄水設備之管理	
☐	☐	☐	12.員工宿舍、餐廳、休息室及檢驗場所之管理	
☐	☐	☐	13.廁所之管理	
☐	☐	☐	14.用水之管理及水質檢驗	
☐	☐	☐	15.洗手設施之管理	
☐	☐	☐	16.其他	

缺失扣分			評核項目 （在左列缺失欄口勾選缺失類別）	備註：請明列原因
主要	次要	輕微		
			C.GHP衛生管理標準作業程序書、記錄表單及落實情形——設備與器具之清洗衛生	
□	□	□	1.設備清洗與消毒之管理	
□	□	□	2.熟食盛裝器具之檢驗	
□	□	□	3.其他	
			D.GHP衛生管理標準作業程序書、記錄表單及落實情形——從業人員衛生管理	
□	□	□	1.從業人員健康檢查	
□	□	□	2.從業人員之疾病管理	
□	□	□	3.從業人員之衣著管理（包括制服、工作鞋、髮帽、手套、口罩）	
□	□	□	4.從業人員工作中之衛生管理	
□	□	□	5.其他	
			E.GHP衛生管理標準作業程序書、記錄表單及落實情形——清潔及消毒等化學物質與用具管理	
□	□	□	1.化學物質之購入、存放、標示、使用之管理	
□	□	□	2.掃除用具之購入、存放管理	
□	□	□	3.其他	
			F.GHP衛生管理標準作業程序書、記錄表單及落實情形——廢棄物處理（含蟲鼠害管制）	
□	□	□	1.垃圾、廚餘、可回收資源之管理	
□	□	□	2.其他	
			G.GHP衛生管理標準作業程序書、記錄表單及落實情形——衛生管理專責人員	
□	□	□	1.設置、資格、受訓證書、代理人、權責	
□	□	□	2.其他	
			H.GHP製程及品質管制標準作業程序書、記錄表單及落實情形——採購驗收（含供應商評鑑）	
□	□	□	1.採購流程、供應商資料、衛生證明文件	
□	□	□	2.驗收流程、驗收標準	

缺失扣分			評核項目	備註：請明列原因
主要	次要	輕微	（在左列缺失欄口勾選缺失類別）	
□	□	□	3.供應商評鑑	
□	□	□	4.其他	
			I.GHP製程及品質管制標準作業程序書、記錄表單及落實情形——廠商合約審查	
□	□	□	1.採購合約訂定	
□	□	□	2.其他	
			J.GHP製程及品質管制標準作業程序書、記錄表單及落實情形——前處理、製備	
□	□	□	1.食材前處理之衛生管控	
□	□	□	2.食物製備之衛生管控	
□	□	□	3.其他	
			K.GHP製程及品質管制標準作業程序書、記錄表單及落實情形——供膳）	
□	□	□	1.供膳作業之衛生管控	
□	□	□	2.其他	
			L.GHP製程及品質管制標準作業程序書、記錄表單及落實情形——食品製造流程規劃	
□	□	□	1.食品由原料至成品製造過程之規劃（包括時間、空間、人員等）	
□	□	□	2.其他	
			M.GHP製程及品質管制標準作業程序書、記錄表單及落實情形——防止交叉汙染	
□	□	□	1.交叉汙染之原因及防治措施	
□	□	□	2.其他	
			N.GHP製程及品質管制標準作業程序書、記錄表單及落實情形——化學性及物理性危害侵入之預防	
□	□	□	1.化學性及物理性危害侵入之管理	
□	□	□	2.其他	
			O.GHP製程及品質管制標準作業程序書、記錄表單及落實情形——成品之確認	
□	□	□	1.成品應確認其品質及衛生	

缺失扣分			評核項目	備註：請明列原因
主要	次要	輕微	（在左列缺失欄□勾選缺失類別）	
□	□	□	2.其他	
			P.GHP倉儲管制標準作業程序書、記錄表單及落實情形	
□	□	□	1.庫房管理、溫溼度管理	
□	□	□	2.其他	
			Q.GHP運輸管制標準作業程序書、記錄表單及落實情形	
□	□	□	1.人員管理、運輸車管理	
□	□	□	2.其他	
			R.GHP檢驗與量測管制標準作業程序書、記錄表單及落實情形	
□	□	□	1.檢驗儀器管理與校正	
□	□	□	2.其他	
			S.GHP客訴管制標準作業程序書、記錄表單及落實情形	
□	□	□	1.客訴事件處理流程	
□	□	□	2.其他	
			T.GHP成品回收管制標準作業程序書、記錄表單及落實情形	
□	□	□	1.成品回收處理流程	
□	□	□	2.其他	
			U.GHP文件管制標準作業程序書、記錄表單落實情形	
□	□	□	1.文件制定、發行、修改、廢止之流程	
□	□	□	2.其他	
			V.GHP教育訓練標準作業程序書、記錄表單落實情形	
□	□	□	1.教育訓練實施之對象、時間、內容等	
□	□	□	2.其他	

缺失扣分			評核項目	備註：請明列原因
主要	次要	輕微	（在左列缺失欄□勾選缺失類別）	
			W.HACCP計畫書及記錄表單	
□	□	□	1.HACCP小組成員名單	
□	□	□	2.產品特性及貯運方式	
□	□	□	3.產品用途及消費對象	
□	□	□	4.產品製造流程	
□	□	□	5.危害分析及CCP的判定	
□	□	□	6.CCP直接監控記錄及確認	
□	□	□	7.CCP異常處理報告	
合計缺失數：主要缺失　　個 次要缺失　　個 輕微缺失　　個 註1：主要缺失達3個（含）以上，列為本次評核不通過。 註2：3個輕微缺失累進為1個次要缺失；3個次要缺失累進為1個主要缺失。				
建議事項（不列入缺失計數）				

產品抽驗結果	抽驗項目為大腸桿菌群及大腸桿菌，不合格得申請複驗1次，若仍為不合格則列為本次評核（查核）不通過	□合格 □不合格
業者意見欄	業者簽名：	
評核結果（請廠商於現場評核報告每一頁空白處加蓋公司章）	□ 建議通過 最大安全生產量 實際月平均安全生產量 評核當日生產量 □ 不通過，理由： 主審委員簽名： 評核委員簽名：	餐食份／日 餐食份／日 餐食份／日

<table>
<tr><th colspan="3">缺失扣分</th><th colspan="6">評核項目</th><th rowspan="2">備註：請明列原因</th></tr>
<tr><th>主要</th><th>次要</th><th>輕微</th><th colspan="6">（在左列缺失欄□勾選缺失類別）</th></tr>
<tr><td colspan="3"></td><td colspan="6">轄區衛生局人員簽名：

觀察員簽名：

以下由本署計畫委辦機構填寫：</td><td></td></tr>
<tr><td colspan="3">評核建議</td><td colspan="7">□擬予通過
□擬不予通過</td></tr>
<tr><td colspan="3">受託機構</td><td>承辦人員</td><td></td><td>主管覆核</td><td></td><td>首長決行</td><td colspan="2"></td></tr>
</table>

資料來源：衛生福利部食品藥物管理署。

廚房安全衛生自主管理檢查表

年　　月

類別	項次	檢查項目	日期						處理情形（備註）
工作人員管理	1	工作時應穿戴整潔之工作衣帽、工作鞋，以防異物落入食品中							
	2	保持雙手乾淨，經常洗滌及消毒，不得蓄留指甲、塗指甲油及配戴飾物							
	3	供膳時應戴口罩及丟棄式衛生手套（用一次即丟）							
	4	工作中不得有吸菸、嚼檳榔、飲食等可能汙染食品行為							
	5	應定期實施健康檢查。作業期間若有受傷或生病時應作適當之處理							
	6	製備時段內廚房之進貨作業及人員進出，應有適當之管制							
	7	個人衣物應放置於更衣場所，不得帶入食品作業場所							
調理場所管理	1	廚房應維持適當之空氣壓力及室溫，良好通風及排氣							
	2	照明應達到一百米燭光以上，工作檯面或調理檯面應達二百米燭光以上							
	3	爐灶、抽油煙機應保持完整清潔，並不得汙染其他場所							
	4	牆壁、支柱、天花板、屋頂、燈飾、紗門窗應保持清潔							
	5	應正確使用三槽式餐具洗滌殺菌設備，洗滌殺菌後不得再以抹布擦拭餐具							
	6	調理用之器具、容器及餐具應保持清潔，並妥為存放，防止再汙染							
	7	廚房地面應隨保持清潔。排水系統應經常清理，保持暢通，不得有異味							
	8	廚房應設有截油設施維持清潔。油煙應有適當之處理措施，避免造成汙染							
	9	處理生熟食之刀及砧板需分開並明確標示							
	10	生食、熟食，食品原料與成品應分別妥善保存，防止汙染及腐敗							

類別	項次	檢查項目	日期						處理情形（備註）
食品原料及成品儲存管理	1	原材料進貨時，不可放置地面，並應經驗收程序確實驗收							
	2	應有足夠且清潔冷藏、冷凍設備，溫度須保持冷藏7℃以下，冷凍-18℃以下							
	3	乾料庫房應每日檢查是否正確標示管理及病媒防治							
	4	注意食品之儲存，不得直接置於地面、太陽直接照射、積水、濕滑等處							
	5	調味品應於每日使用前檢查是否受病媒汙染或腐敗，須完整覆蓋及妥善存放							
	6	避免使用不經加熱即可食用之食物，或經迅速、適當之處理							
	7	加蓋熱存食品溫度應在60℃以上，迅速冷藏食品溫度應在7℃以下							
	8	剩餘之菜餚、廚餘及其他廢棄物應使用密蓋垃圾桶或廚餘桶適當處理							
	9	各作業區應有適當區隔，並避免人員之交互汙染							
	10	化學藥劑應妥善置放，避免汙染食物及食品容器							
給排水／清洗設備管理	1	冷熱水龍頭不得有漏水的現象							
	2	各洗滌水槽是否乾淨，排水口是否有濾網、排水管是否順暢或脱落							
	3	爐灶排水槽底部及地面排水是否有積水							
	4	洗碗機不應有漏水、漏氣現象，清潔劑及乾燥劑應充足							
	5	與食品或食品器具、容器直接接觸之用水水質，應符合飲用水水質標準							
	6	地面及設備每日以200ppm氯液消毒							
	7	餐具、食器不得有破損，洗滌（殘留油脂，澱粉）應合乎規定							
	8	清洗完成之食器不得直接置於地面上							
	9	廚房內清潔設備正常，滅火器須固定位置擺放							
	10	將每日缺失確實記錄並拍照，作為改善依據及員工教育之教育內容							

類別	項次	檢查項目	日期						處理情形（備註）
說明		1.檢查頻率：每天至少一次	冷藏溫度℃						
		2.記錄符號：「O」為合格，表示正常；「X」為不合格，表示異常，須改善	冷凍溫度℃						
		3.需每日依紀錄表逐項檢查填寫，並確實改進，紀錄並應保存2年	油脂檢查						
值勤主管簽章									
主管簽章									

資料來源：修改自蕭漢良（2018）。《餐旅人力資源管理》。新北：揚智文化。

參考文獻

丘志威、高彩華、蔡宗佑、張芷菱（2013）。《餐飲製造業建立HACCP系統參考手冊——中央廚房式》。台北：衛生福利部食品藥物管理署。

高雅群、邵蘊萍、璩大成、黃勝堅（2018）。〈論大型賽事食品安全管理——2017臺北世界大學運動會選手餐廳食品安全衛生管理經驗分享〉。*Taiwan Journal of Dietetics, 10*(1)，29-36。

許淑芳（2018）。〈食安風暴的反思——餐飲品質管理之教案設計〉。《遠東通識學報》，12(1)，127-137。

彭瑞森、劉得銓、何秋燕、劉淑美、張湘文（2015）。《餐飲業食品安全管制系統（HACCP）評核一致性釋疑手冊》。台北：衛生福利部食品藥物管理署。

彭瑞森、劉得銓、張湘文、劉淑美、何秋燕、黃家德（2015）。《餐飲業食材危害分析參考手冊》。台北：衛生福利部食品藥物管理署。

潘志寬（主編）（2015）。《餐飲衛生安全管理面面觀》。台北：衛生福利部食品藥物管理署。

蕭漢良（2018）。《餐旅人力資源管理》。新北：揚智。

聶方珮、匡龍華、林玉慧（2018）。〈ISO22000及HACCP推動食品安全管理之研究〉。《管理資訊計算》，7(2)，198-207。

謝秀櫻、許耀楠、張承晉、莊立勳（2013）。《餐飲從業人員衛生操作指引手冊》。台北：衛生福利部食品藥物管理署。

Chapter 10

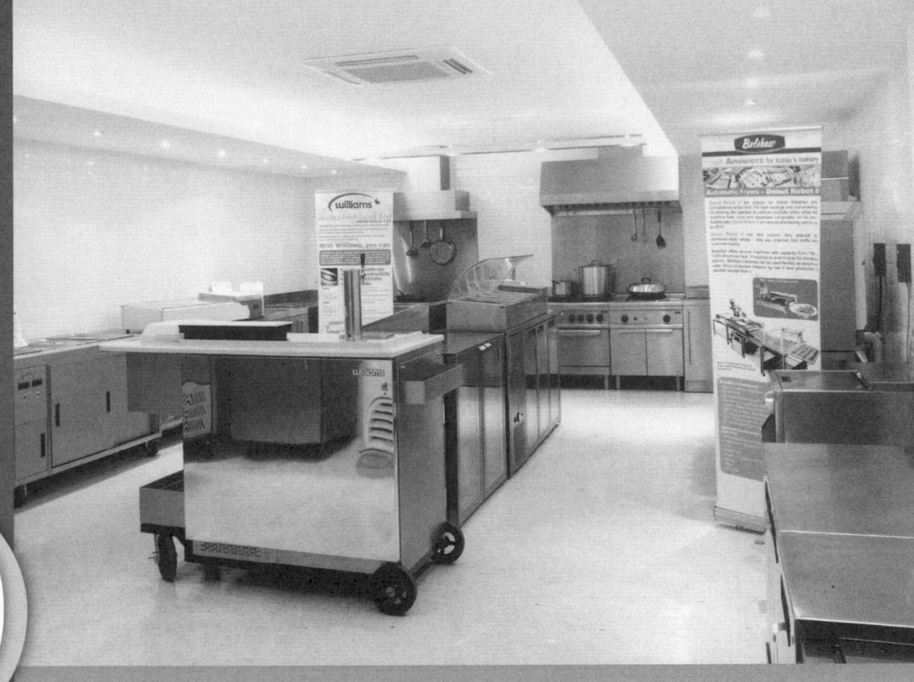

廚房設計與管理的未來

- 第一節　前言
- 第二節　淺談廚房設計與管理的未來趨勢
- 第三節　廚房管理的未來

第一節　前言

在前面的九個章節中，透過不同的主題循序漸進地把空間規劃、施工規劃、設備、機電空調洗滌、食安、人資各方面的主題都做了些介紹。或許讀者會很訝異原來一個100平方米空間的廚房竟然涵蓋了這麼多的主題和專業的管理學在裡面。確實如此，餐飲業本來就不個簡單的行業，更正確一點來說，餐飲業其實是個非常複雜的行業，在短短的兩小時左右的用餐時間內，同時扮演著生產、製造、服務的角色，再加上食物有保存期限，餐點更是有極短的賞味期限，不嚴格地做好進貨管理、先進先出、和有效率的菜單規劃搭配人員的建議性銷售，往往會造成營收沒進來，成本卻付諸東流的悲劇。

筆者這些年在餐飲業的實務經驗裡，其實偶爾會看到些主廚縱然有令人驚豔的好廚藝，對於廚房的管理卻有時候會有使不上力的感受。畢竟廚房管理是門大學問。

想做好食安，少不了要上些專業課程，甚至考取相關證照來輔助日常工作中的食品安全確保。

想做好食材成本控制，少不了對數字要有相當的敏感度和演算能力。

想做好倉儲管理，少不了對於先進先出、食材的擺放邏輯要有基本的認知。

想做好文件檔案的歸類，良好的廠商溝通，食譜的文字化管理，則少不了一定程度的電腦操作和中英文打字能力。

而公認最困難的則莫過於團隊的領導，除了以廚藝讓眾人服氣是不夠的，良好的溝通和協調能力，危機處理得有條不紊，適時的團隊士氣激勵，以及以身作則嚴以律己的自我要求，都是帶領好一個廚房團隊的必要條件。

某些國際級的五星級飯店行政總主廚身邊多半會有科班出身、管理和廚藝兼備的秘書或特助協助行政主廚做廚房的日常管理，打理這些日常瑣碎卻也相當重要的工作。而在美式的連鎖餐廳則會有廚房經理的職位，這個職位與其說是廚師，其實更是個管理職。除了透過標準的SOP來對廚房夥伴們做廚藝上的教育訓練之外，更多的數字和文書作業，以及走動式的管理和具備一定知識基礎的設備保養工作，都要能夠駕輕就熟的帶領同仁做好一切的工作。

然而，就算完成了上述的各項專業學能，對於開設新餐廳規劃新廚房來說，仍有更多的領域知識需要學習，舉凡機電與安全的概念、設備運作原理、廚房動線的規劃和人因工學的考量、環保廢水廢油廢棄的管制管理……這些除了需要專業的人士作指導分享之外，本身透過不同案場的實際規劃也必須學習到更多的寶貴經驗，才不會有重蹈覆轍的悲劇。而現今的社會不管是在科技上的提升、環保、勞工相關的法令愈來愈嚴謹之外，少子化造成缺工的常態問題，也都對於廚房的規劃管理產生了結構性的微妙改變，對於現今的主廚或廚房經理甚至餐飲業高管或投資人來說，也都必須能夠跟上腳步，才能夠在這麼高度競爭的餐飲市場裡存活下來並且能夠獲利。

第二節　淺談廚房設計與管理的未來趨勢

對於未來世代少子化現象的職場裡，願意待在廚房工作的年輕人更是難覓。為了有效解決這個困境，除了從工作環境中做實質的改善，溫度不要那麼熱、濕氣不要那麼重、地板不要那麼濕滑、設備要更安全……這些議題都是廚房空間設計、機電設計和廚房設備產品設計的趨勢。所有的廚房的規劃施工以及設備廠商莫不以優化廚房工作環境為努力的目標。

一、安全

在廚房裡工作，先不討論食材製作烹調或成本及食品安全的控制，完善確保人員工作上的安全絕對是首要之務。在廚房裡常見的安全疑慮不外乎觸電、燙傷、刀傷、地板濕滑造成的跌倒。這些都必須透過事前的規劃和防護設備的導入來減少受傷的機率。例如在本書第三章第二節裡提到「水下電上」的原則來避免因為濕氣甚至漏水造成的觸電風險。而且對於廚房裡中功率的桌上型電動設備，未來能夠省去實體的電線插頭，改以無線充電的方式來確保人員避免觸電風險，也成為廠商開發生產的趨勢之一（**圖10-1**）。

圖10-1　搶攻廚房／機器人商機 中功率無線充電席捲而來

又如在第三章第一節內文提到廚房空調負壓的規劃與新鮮風的導入，藉以維持空氣中保持乾爽並且降低一氧化碳的濃度，維持合適的氧氣濃度來讓廚房的工作人員不至於精神不繼，甚至造成眩暈或一氧化碳中毒。同一章裡也提到了瓦斯漏氣偵測器和瓦斯遮斷閥等相關的設備與機制，也同樣是為了避免瓦斯中毒甚至氣爆造成人員安全威脅所規劃的設施。而現在愈來愈多的廚房或許是礙於瓦斯的風險或是廚具清潔的便利，或是所在商場大樓不得使用明火的規定，全面採用電熱設備的無火廚房也已經不是新聞了。透過高功率的設備一樣能夠提供足夠的熱源來做菜，甚至連中式菜色需要高溫熱炒的餐廳也有愈來愈多業主選擇採用無火的廚房（**圖10-2**）。

圖10-2　創新科技無火廚房新選擇

至於刀傷，這是每個廚師在技術養成教育裡絕對難免的工作傷害。除了工作質更專注之外，善用各類自動化設備代勞也是降低受傷風險的一個辦法。然而對於學徒來說，一個正確的操刀姿勢（手勢）是必須反覆

練習的，在正式拿食材練切之前，也不妨透過VR的虛擬練習不失為一個新選擇（圖10-3）。

圖10-3　智能障礙能成廚房助手 VR科技訓練切菜刀法

二、衛生

食品安全衛生絕對是餐飲業的重要命脈，如何能夠確保出餐的品質和衛生達到顧客的期待永遠是餐飲業者和相關周邊廠商的努力目標之一。現今的廚房裡常見的通則不外乎是廚師定時更換手套和抹布、全程配戴口罩、傷口確實包紮、砧板生熟分離，不同屬性用不同顏色砧板和刀具做區隔、確保食材的有效期限和庫存環境管理、定期體檢……。然而，透過合適的設備做食安的把關也是重要的措施，例如切洗生菜搭配臭氧在水槽中為蔬菜做殺菌；利用蒸烤箱的探針來確保食物中心溫度合乎安全規範（參閱本書第四章第二節對於蒸烤箱的介紹）；採用具備表面奈米抗菌處理的設備及不鏽鋼檯面減少食物受汙染的風險（參閱本書第四章第一節對於廚房設備挑選因素衛生性探討）。未來的趨勢少不了為了合乎食物處理的安全衛生環境，在廚房空氣品質、生飲水生菌數、製冰機冰塊生菌數、食材溯源、食品加工廠的衛生規範都會導入更多的科技設備、廚房冷凍冷藏設備（包含急速冷凍冰箱）或檢測機制來做監測，以確保食品安全的落實。

三、效能

隨著廚具設計上的日新月異，廚房愈來愈多的廚具能夠透過更新的設計，更多的創新專利，讓廚房的整體運作效能更臻提升。

傳統瓦斯爐具上的設計透過瓦斯孔洞的數量設計、角度、空氣瓦斯比的精準調教之後，相較以往在相同時間或相同瓦斯耗用量的情況下，總能獲得更多的燃燒熱能。在電力的廚具上也同樣隨著電熱設備的更多創新設計讓廚具能更節能更具效率，也更省時間。日本目前開發出來採用電力產生熱能的炭烤爐已經能夠把炭烤溫度拉高到850℃，而且更神奇的是完全不會在炙烤食物時產生任何煙霧（一般常見無煙烤肉爐其實是透過下抽式抽風機在煙還沒升起時就立即下抽），請參考**圖10-4**電力高溫無煙烤爐介紹影片。又如各位讀者常在好市多賣場的熟食外賣區看到他們使用的履帶型烤箱來烤製披薩，現在業者也開發了更具效率的履帶型烤箱，隨時設定不同的食物或溫度，並且透過更專業的設計來達到不失溫的高效能，而且還省下了安裝排煙及消防設備在履帶烤箱上方的成本。請參考**圖10-5**密閉式雙向履帶烤箱介紹影片。

圖10-4　電力高溫無煙烤爐介紹影片

圖10-5　雙向高效履帶烤箱影片介紹

四、多重功能

傳統的廚房裡蒸籠是蒸籠，用來利用沸水產生的蒸氣所形成的熱能來蒸煮食物。烤箱則是利用乾燥的高溫環境來烤熟食物並產生應有的梅納反映（**圖10-6**），而旋風烤箱則是一般烤箱又附加了旋風的功能，讓烤箱裡的食物能夠因為旋風產生的熱氣體流動讓食物烤得更均勻。而現代的蒸氣烤箱則同時兼具了可以對旋風甚至蒸氣獨立設置控制開關，讓一台蒸烤箱同時扮演不同的角色，不論是蒸、烤、蒸烤、甚至低溫舒肥都能充分應對，而且多了探針可以測得食物中心內部溫度，也多了自動清洗的功能。對於水質偏向硬水的城市，甚至可以在蒸烤箱前端加裝專屬的軟水器，達到真正一機多用的目的。除了省預算更省了廚房的寶貴空間（參閱本書第四章第二節設備說明）。

五、物聯科技

近幾年來，透過網路搭配專屬的App不但讓一般人的家庭能夠做到許多遠端操作的目的，建設公司對於很多新的建案也多半導入了智慧宅的概念，甚至和物業公司、保全公司一起配合連線，讓物聯網除了安全方便也兼具安全防盜和急難救助的功能。生活中，小從電動牙刷、檯燈、智慧音箱、掃地機器人、監視鏡頭等生活家店透過App做更多的管理和遠端操控，完善一點的家庭甚至導入了冰箱、電鍋、冷氣空調、電子門鎖也合併進入物聯網的控管範圍（參考**圖10-7**、**圖10-8**）。

而同樣的，在專業的餐廳廚房裡也逐漸的導入了具備物聯網功能的商用廚房設備，主廚可以透過手機App對菜單及食譜做管理，對設備的保養清潔排程做規劃，更同樣可以對準備要烹煮的食物做更精準的控管。

六、開放廚房的未來

開放式廚房最大的特點就是把原本內外場僵化的空間給打破了，讓視覺上空間得以延伸，也讓消費者有了很不一樣的視覺畫面，而這其中的意義包含了：

圖10-6　維基百科解釋梅納反應

圖10-7　小米小愛＋物聯網極致生活影片

圖10-8　演拓設計居家安全設計文章與影片

1.安全飲食，衛生看得見。既然是開放廚房，廚師的衣服絕對整潔乾淨，潔白廚衣和高帽，必要時戴著透明塑膠口罩兼具美觀和避免飛沫飄散。
2.廚師地位躍升，不再見不得人。帥哥美女廚師大有人在，光是看他們專注的工作和專注的眼神，對於廚師職業的形象提升也是幫助。
3.既是視覺享受也是體驗經濟。不管是身手俐落的空拋Pizza生麵皮、為餐點作裝飾，或是俐落地翻鍋準備餐點，也可以是在鐵板煎台俐落地烹製食物，絕對都是視覺上的享受。

但是開放式廚房的建置和維護也相對的複雜，甚至必須付出較高的建置和維護成本，一般該特別留意的不外乎：

1.留意消防法規、防火區劃的相關規定。
2.如本書第三章所提的餐廳內外場正負壓的議題，雖然是開放式廚房仍應該保持負壓狀態讓油煙不會飄向外場，影響了客人用餐的愉悅感。
3.留意廚房設備的配置位置，愈靠近開放廚房的出口愈應該避免高溫設備的配置，例如熱炒、油炸、烤箱等設備，避免高溫向外場蔓延，也避免熱炒造成的明火造成客人驚嚇。
4.如果開放廚房和外場中間有透明玻璃做阻隔，仍應留意廚房和外場的溫度高低差異，或因為靠近高溫設備造成玻璃的爆裂，應選用合乎規格的玻璃安裝。此外，每個餐期都必須澈底把玻璃擦拭乾淨明亮，避免油汙痕跡反而破壞了客人對廚房衛生的好印象。

第三節　廚房管理的未來

隨著2020年夏天台灣即將步入5G的時代，更多的資訊流傳輸將更快速、流量更大、人們在各行各業不同領域的管理也將隨之更具效率，也代表著一種新的管理科學世代即將進入人們的生活。這當然也包含了餐飲管理領域，尤其廚房的管理也必須思變創新並接受新知，這當中包含了各式各樣的議題都有待政府和業者共同來做變革。

一、法令

舉凡食品安全、廚房的勞工安全衛生管理、勞工保護保險、意外災害防範等等議題，基本上都是由政府規範後業者依循配合。近年來，消費者首先關心的多半與自身安全有關心的議題，例如餐廳（含廚房）的消防防護、逃生動線及相關救災設備，乃至於消費者對食品安全衛生的要求都不斷在提升，這當中也包含了淨水設備、臭氧殺菌、洗手設備的添購配置。這對一般社會大眾來說由平常新聞媒體的報導就多所瞭解，而勞工安全衛生則包含了廚房的空氣品質（監測氧氣、一氧化碳、二氧化碳濃度）、地板防滑、燈光照明亮度，乃至於個人因為搬重物或操作危險設備所配戴的防護護具。當然，鄰近部分先進國家甚至對於廚房在餐廳的面積配置比例做了嚴格規範，以確保工作動線、工作環境、逃生及避難空間都能有合適的規劃。

二、人力編制與人才欠缺因應

近年的少子化已經從十年前的小學入校生一路蔓延到了大學專校，少子化的結果首先是那些體質不良、師資設備不齊全、交通不便利、授業品質欠佳的學校面臨整併甚至倒閉的命運。而這少子化的現象也開始進入到社會造成社會就業人口欠缺，尤其對於餐飲服務業廚房裡這種工時長、環境濕熱的工作環境更是找人不易。縱有專業的餐飲相關學系學生畢業，學用比也是相當的低。在政府沒開放引進外籍人士進入餐飲服務業的基層工作之前，只能透過更有效率的自動化設備來減輕人力工時和體力負擔，搭配部分委託央廚或專業廠商生產半成品，或是透過簡化菜單等方式來因應。

三、系統化建置

所謂系統化建置說穿了就是沿用同一品牌甚至同一系列的廚具讓設備和設備之間的銜接更密合，而且在銜接之後能夠透過一個完整的上蓋將設備前端完整覆蓋上，除了更具一體成形的時尚感，也更能兼具衛生和清潔的維護（**圖10-9**）。系統化的另一個好處是日後如果在廚房設備上想做調整、更換不同的廚具，新舊廚具間的銜接也相對容易，能夠維持整體感並且達到實質擴充的目的。

四、專業後勤打理

餐廳設備的日常清潔多半由廚師們在下班時做日常清洗，但是對於較具危險性、專業性或複雜度較高的保養清潔工作仍有賴專業來執行。常見的有廚房排油煙罩、截油槽管路定期疏通、靜電機集電板定期保養還原。這些工作項目多半需要利用非營業時間（通常是打烊後半夜施工）搭配特殊的設備機具，並且由專業的人員來操作。如果不花費這些保養成本

圖10-9　系統廚具完美銜接示意圖

委託專業廠商施工，日久之後只會造成管路阻塞、排煙效率差，甚至產生嚴重異味引來民眾檢舉和隨之而來的罰單。

五、設備租賃商機展開

雖然說開餐廳不如科技廠或是一般工廠來得那麼樣的大型投資，但是一間餐廳廚房從地板防水墊高、天地壁的裝修、機電、空調、水電乃至於廚具的一一配置，花費數百萬元甚至千萬也算是正常。這對於一般人想投資開餐廳來說已經是一筆巨額，畢竟還有外場的裝潢、家具、餐具、機電、弱電很多需要花錢投資的地方。於是餐飲業設備廠商近年來也為了減少餐飲業者的負擔，一方面也為了提高餐廳客戶對設備廠商的黏著度，也開始逐步提供了以租賃取代購買的服務。以咖啡機為例，餐廳只要簽約租賃了設備廠商的咖啡機，每月只要訂購足額的咖啡豆就可以當作租金來無償使用咖啡機，額外的附帶好處是廠商會定期免費來保養設備，餐廳只需負擔人為因素造成損壞的維修費和自然損耗的耗材成本。這個概念其實和大部分辦公室租用影印傳真事務機的道理相當接近，也深受餐廳業者的喜愛。近年，甚至包含洗碗機（同樣要買耗材）、烤箱等設備也陸續有租賃的商業案例產生。

餐飲旅館系列

廚房規劃與管理

作　　者 / 蔡毓峯、蕭漢良
出 版 者 / 揚智文化事業股份有限公司
發 行 人 / 葉忠賢
總 編 輯 / 閻富萍
特約執編 / 鄭美珠
地　　址 / 22204 新北市深坑區北深路三段 258 號 8 樓
電　　話 / 02-8662-6826
傳　　真 / 02-2664-7633
網　　址 / http://www.ycrc.com.tw
E-mail / service@ycrc.com.tw
ISBN / 978-986-298-343-0
初版一刷 / 2020 年 5 月
定　　價 / 新台幣 350 元

國家圖書館出版品預行編目（CIP）資料

廚房規劃與管理 / 蔡毓峯, 蕭漢良著. -- 初版. -- 新北市 : 揚智文化, 2020.05

面； 公分. --（餐飲旅館系列）

ISBN 978-986-298-343-0（平裝）

1.廚房 2.空間設計 3.餐飲業管理

441.583 109005930

notes

notes